我的孩子
怎么了？

写给咨询室外的学生家长

李媛　刘红梅　刘晨　主编

成都时代出版社
CHENGDU TIMES PRESS

图书在版编目（CIP）数据

我的孩子怎么了？/ 李媛，刘红梅，刘晨主编 .
— 成都：成都时代出版社，2023.10
（萤火虫心理健康科普丛书）
ISBN 978-7-5464-3212-0

Ⅰ . ①我… Ⅱ . ①李… ②刘… ③刘… Ⅲ . ①儿童心
理学②儿童教育－家庭教育 Ⅳ . ① B844.1 ② G782

中国国家版本馆 CIP 数据核字 (2023) 第 078574 号

我的孩子怎么了？

WO DE HAIZI ZENMELE

李媛　刘红梅　刘晨　主编

出 品 人　达　海
总 策 划　邱昌建　李若锋
责任编辑　张　旭
责任校对　阚朝阳
责任印制　黄　鑫　陈淑雨
装帧设计　成都九天众和

出版发行　成都时代出版社
电　　话　（028）86742352（编辑部）
　　　　　（028）86615250（发行部）
印　　刷　成都博瑞印务有限公司
规　　格　145mm×210mm
印　　张　7.25
字　　数　180 千
版　　次　2023 年 10 月第 1 版
印　　次　2023 年 10 月第 1 次印刷
书　　号　ISBN 978-7-5464-3212-0
定　　价　48.00 元

目 录
Contents

第一章　老师让我带孩子去做心理咨询

第三章　陪伴和帮助患抑郁症的孩子

第四章　父母与孩子共同成长

我的孩子怎么了？
写给咨询室外的学生家长

代 序
Preface

　　没有心理健康就谈不上身体的全面健康。据统计，我国成年人精神障碍终生患病率为16.6％，排在第一位、第二位的分别为焦虑障碍、心境障碍；《中国国民心理健康发展报告（2019~2020）》显示，我国24.6％的青少年抑郁，其中重度抑郁的比例为7.4％。然而社会偏见、歧视仍广泛存在，讳疾忌医者多，科学就医者少。

　　健康的第一责任人是自己，心理健康的第一责任人也是自己。"人民日益增长的美好生活需要和不平衡不充分的发展之间的矛盾"已成为我国社会的主要矛盾。各种各样的精神心理学教材、专著，精神障碍防治指南，及有限的精神心理卫生服务资源，难以满足广大人民的需求，只有加强精神心理健康知识的科普，帮助人们了解常见精神心理、行为问题的特征与处理常识，才能使人们更好地成为自己心理健康的责任人。

　　对精神心理健康类知识的科普势在必行。党的二十大报告强调要"重视心理健康和精神卫生"，2018年11月国家卫生健康委、中央政法委、中宣部等10部门联合印发了《全国社会心理服务体系建设试点工作方案》，提出要加强全民健康意识，健全心理健康

科普宣传网络，显著提高城市、农村普通人群心理健康核心知识知晓率。《中国公民健康素养66条》《"健康中国2030"规划纲要》《关于加强心理健康服务的指导意见》《健康中国行动（2019—2030年）》等都强调健康优先，要把健康摆在优先发展的战略地位，迅速普及健康理念、健康生活方式就成了重要手段。

　　作为一名工作了二十多年的资深精神心理专业医师，笔者深知宣传精神心理卫生知识的重要性；作为四川大学华西医院心理卫生中心的支部书记兼副主任，以及四川省预防医学会行为与健康分会主任委员，更感责任重大。为贯彻落实党的二十大精神，以习近平新时代中国特色社会主义思想为指导，本着科普性、实用性、启发性的原则，以案为例，或专家点评，或患者口述等多种形式，意在面向全社会弘扬精神心理科学精神、传播精神心理科学思想、普及精神心理科学知识、倡导精神心理健康科学方法，推动"全疾病周期"的预防治疗康复理念向"全生命周期"的预防治疗康复理念转变，建立"家庭—学校／单位／社区—医院"的全方位、全社会关注体系，突出家人、个体的主体意识，坚持预防为主，传播精神心理行为问题"早发现、早诊断、早治疗、早康复"的"四早"理念。为此，四川大学华西医院心理卫生中心、四川省预防医学会行为与健康分会联手成都时代出版社打造"萤火虫心理健康科普丛书"，希望能为加快实施"健康中国"战略，促进公民身心健康，维护社会和谐稳定尽自己的一份力量。

邱昌建

自 序
Preface

　　当爸妈，做家长，是一件非常不容易的事情，从辛苦的备孕怀胎到孩子呱呱坠地，从每日上下学接送的奔波劳碌到孩子如愿考取大学，从衣食住行的点滴关心到人生航向的教育引导，其间的辛劳和疲惫、担心和焦虑、幸福和喜悦，也许真的只有当过家长的人才能体会！对于现在的家长来说，面对社会的飞速发展，养育孩子的过程更是充满了诸多困难和挑战。上述的桩桩件件不仅需要我们用心用情，更需要我们用理用智去认真面对。所以，做好家长也是一件非常需要认真学习的事情。

　　处于青春期的孩子，面临着不断变化的社会要求，同时面临着身心快速成长的压力——美国心理学家霍尔把"青少年期"称为"狂风暴雨时期"。这内外的压力使很多青少年出现了发展与成长的危机。在家长眼里，这些孩子变得自己都不再认识自己，他们或是出现厌学、手机成瘾等行为问题，或是出现抑郁、双向情感障碍等心理问题。有些家长不愿相信这些是心理问题，更愿意相信他们仅仅是品行有问题，比如比较懒，以自我为中心，或是相信这些孩子的问题会随着时间的推移而自然好转。有些家长能觉察到孩子心里有

事，想沟通，但往往却是沟而不通，造成彼此间更大的误会。

　　本书的作者是高校专职从事学生心理咨询的咨询师，有着丰富的青少年工作经验，对青少年的心理健康有着专业的认识。为了帮助处在心理困扰中的学生及家长，作者对平时咨询工作中学生及家长常有的一些困惑进行总结，通过原理分析、案例说明、点评分析等方式，帮助学生及家长朋友们找到答案。

　　本书的第一章向家长朋友们介绍了什么是心理咨询，心理咨询的机制与过程，怎样选择靠谱的心理咨询师，以及澄清家长们对心理咨询的一些常见疑问，主要是为了帮助家长朋友们更好地了解心理咨询，正确看待心理咨询。

　　本书的主要部分是第二章——"那些走进咨询室的孩子"。这部分尝试通过对发生在学校心理咨询室以及学院辅导员工作中的案例故事进行呈现和分析，向家长朋友们阐述孩子在成长过程中可能会遇到的困难与挫折、磨砺与考验；讲述当这些孩子走进咨询室之后，咨询师和辅导员是怎样开展工作、和他们一起发现问题背后的真正原因、了解孩子当前的心理困难的。同时，也结合家长朋友们的常见视角，对孩子的状态、困难、情绪等问题做出理解和诠释，并结合案例分析出家长常见思维中的合理部分和不合理部分，进而帮助家长看到孩子真正的心理堵点和情绪困点，以便更好更全面地理解孩子。最后，结合案例和原理分析，从心理学角度给家长朋友们提出一些具体的建议和措施，让家长朋友们可以帮助孩子更顺利地成长。

　　本书第三章着重讲解了抑郁症相关知识，帮助大家了解这一最常见的心理疾病，从而更好地做好预防和处置。

第四章是本书的理论提升部分。家庭是一个系统，父母与孩子都是一个子系统，如何从一个更系统更广阔的视野了解家庭发展的阶段，不同阶段家庭系统的运作规律与任务，使家庭教育更具有弹性与灵活性，构建更加良好的亲子关系，实现家长与孩子的共同成长。

家长朋友在使用本书时，可以从任何一个部分开始阅读，请从您感兴趣的题目开始，祝您阅读愉快！

老师让我带孩子
去做心理咨询

李明现在已经进入高二的第二个学期。一天，他的妈妈突然接到老师的电话，说李明最近的学习状态非常不好，他不仅上课没精打采，近几次的测验成绩也连续下滑，还多次在 QQ 空间里发一些情绪很消极的话。在和李明聊过之后，老师了解到由于之前竞赛失利，李明觉得自己的压力很大，晚上也总是睡不着、做噩梦，导致白天没精神，他已经尽力去调整了，也在努力告诉自己离高考还有一年多的时间，不要太紧张，但好像并没什么用，看书时完全看不进去，只能破罐子破摔。老师建议李明回家休息一段时间，并让家长带孩子去做一下心理咨询，看看能不能通过专业的帮助来调整他的学习状态。李明妈妈听了之后很着急，其实孩子的状态她也一直看在眼里，她想让孩子放宽心、不要想那么多，但孩子也不太愿意跟她多说。李明目前请假回家休息，天天在家打游戏，李明妈妈也不知道还能怎样做。想到老师的建议，李明妈妈燃起了一线希望，但又充满疑虑，找心理咨询能有用吗？

第一节　什么是心理咨询？

1. 心理咨询的定义

当我们感受到强烈的心理痛苦时，该怎么办？

也许我们每个人的人生中都曾经历过这样的时刻。人们可能会通过读书、运动、听歌、绘画、与亲友倾诉、品尝美食或旅行等方式来疗愈自己。

其实在遇到困难，或是感到艰难的时刻，我们还可以寻求心理咨询的帮助。尤其是在当我们不断进行自我调整，依然感到"被困住"、被强烈的负面情绪所淹没，甚至影响正常的学习、生活和工作，比如出现睡眠问题、吃不下或吃得过多、难以集中注意力等情况时，我们更应该主动地寻求专业的帮助。

那么什么是心理咨询呢？让我们一起来看看它的定义吧。

心理咨询（counseling）：

在良好的咨询关系基础上，经过专业训练的临床与咨询专业人员运用咨询心理学理论和技术，帮助有心理困扰的求助者，以消除或缓解其心理困扰，促进其心理健康与自我发展。心理咨询侧重一般人群的发展性咨询"（《中国心理学会临床与咨询心理学工作伦理守则（第二版）》，2018 年）。

研究表明，在接受专业的心理咨询后，至少有 75% 的人能

够从中获益，包括症状改善、问题解决、个人成长等（Lambert,
M.J&Archer,A.2006）。还有研究发现，心理咨询经过 15 次访谈
所能达到的疗效，如果是自发缓解的话，通常需要两年的时间
（Mc Neilly,C.L&Howard,K.I,1991）。

2. 心理咨询的服务形式

心理咨询可以以不同的形式展开，下面主要介绍三种常见的心
理咨询服务形式。

个体咨询：指心理咨询师与一位来访者共同工作的服务形式。
个体心理咨询采用一对一的方式进行，这让咨询过程聚焦在一个中
心上，针对性更强，也更易在咨询师与来访者之间建立信任关系，
降低来访者的防御和抵触，让咨询能够在更私密的氛围下得到更
深入更充分的开展。家长和孩子可以分别预约个体心理咨询，帮
助自己改善情绪、增进自我认识、提升问题应对能力，获得自我
成长。

家庭咨询：指心理咨询师与一个家庭共同工作的服务形式。
家庭咨询是从家庭视角审视来访者心理问题，并经由任何形式的语
言、互动等支持行动而促使家庭有所改变的治疗体系，其目的在于
消除心理疾患，使家庭成员更加分化、更加自由地完成个人及家庭
整体发展的阶段性任务。家庭咨询不着重于家庭成员个人的内在心
理构造与状态的分析，而将焦点放在家庭成员的互动与关系上，从
家庭系统角度去解释个人的行为与问题，个人的改变依赖于家庭整
体的改变。在这种方式中，父母可以与孩子一起接受咨询，这样
能比较有效地缓解家庭中的关系冲突，增进家庭成员之间的相互理

解，改善家庭成员之间的互动方式。

　　团体咨询：指心理咨询师与多位面临相似的生活挑战或有相近求助目标的成员共同工作的服务形式。团体心理咨询可以通过团体内人际交互作用，促使个体在团体交往中观察、学习、体验，从而认识自我、探索自我、调整并改善与他人的关系，学习新的态度与行为方式，以促进良好的适应与发展的助人过程。比如家长可以参加父母效能训练团体，孩子可以参加青少年的心理成长团体。

第二节　心理咨询的机制与过程

家长们也许会困扰，为什么同样是谈话，咨询师谈话就能发挥作用？有些家长更相信有形的帮助，比如药物、手术，或者更迷信一些可见的技术，如催眠等。这一节就是帮助家长了解咨询能起到帮助作用的原理。

1. 心理咨询的机制

心理咨询是通过怎样的机制来帮助来访者发生改变的呢？心理学家弗兰克从 20 世纪 50 年代开始研究心理咨询与治疗中各种对改变有影响的要素，他的研究证实不同流派心理治疗的共有功能保证了心理咨询的有效性，同时也解释了心理咨询发生作用的机制。

第一，激起和维持来访者的获助期望。

心理咨询的过程也是一个助人自助的过程。被助者要有自我救助的愿望，并相信咨询师能够帮助自己，才能使他积极地投入咨询过程中来。来访者相信咨询师和咨询能够帮助他，这对积极的咨询结果具有莫大意义，在咨询的全过程中，期望始终是一个与改善密切相关的变量，尤其是当事人在想要改变的过程中遇到困难时，期望的作用就会更明显。

第二，唤起来访者的情绪。

所有的心理困扰都伴随着强烈的消极情绪，来访者往往因某种痛苦而来。情绪的疏泄是各种流派的咨询的共同功能，是使来访者体验、表达或释放某种情绪。弗兰克及其合作者认为，从根本上讲，心理咨询是一个态度改变的过程。在情绪唤起伴随认知困惑时，人的受暗示性提高，这是情绪唤起能够促使态度变化的原因。

第三，提供体验性学习的经验。

学习是人的心理、行为改变的基本途径。各种流派的咨询都有促进学习新经验的功能。有的有助于学习新行为或为自己的问题找到解决办法，有的有助于获得新的看待自己或其他问题的视角。尤其是后一种学习，仿佛给当事人打开一片新的天地，往往给他一种豁然觉悟的感觉。

第四，提升来访者的自我控制感。

许多心理健康的研究表明，个人是否感到自己能够有效地控制、支配周围环境及自己，与一个人行为和思维的积极性、情绪体验的好坏有很大的关系。各种心理咨询流派都有一些途径和策略使当事人产生或增强自主、支配和自我效能感。最能增强控制感的恐怕莫过于成功经验，成功体验维持和增加了来访者的期望，强化其信心，减少对失败的担忧。

第五，心理咨询能够促进来访者做出新的有效行为。

来访者能够把在咨询室所学得的知识与行为运用到自己的生活中去，即能够超越咨询所涉及的情景，从而对他的生活有着普遍意义。来访者的不断练习、实践习得的改变是一个必要途径，所有咨询方法都非常鼓励来访者消化或协助来访者"修通"咨询中的收获，并在日常的实际生活中去实践。

第六，除弗兰克的研究之外，还有心理学家指出心理咨询能够带来意识扩大性的自我探索。

大多数人在生活中都能不断进行自我探索，从而找出解决问题的方法。在咨询中，如果来访者不会自我探索，下次遇到新问题（可能只是老问题的另一表现形式），他仍需求助于咨询师。自我探索使意识的范围和深度加大，能够让自己将过去觉察不到的内心世界逐渐清晰地呈现出来，使人们对自己的理解得以提高或深入。

2. 心理咨询的过程

有些家长在孩子咨询的时候，期待着一次就能产生很多的改

变。其实咨询发生作用，需要等待一定的时间，因为咨询是一个过程，是一个从量变到质变的过程。有研究者指出咨询过程应该包括从探索到领悟再到行动三个阶段。咨询师的角色是合作者和辅助者，尽管他们并没有指导来访者应该如何马上拥有 / 具备生活的特殊知识和智慧，但是他们可以运用共情同感和助人技术引导来访者去探索自己的情感和价值观，了解自己的问题，做出选择，并在认知、情感和行为上做出改变（Clara E. Hill，2013）。在此基础上，加上开始和结束，咨询总共可以分为以下五个阶段。

开始阶段

在开始阶段中，咨询师需要初步了解来访者的情况以及对咨询的期待，同时与来访者讨论咨询的工作方式和咨询设置，并在此基础上，对来访者进行充分的评估，判断自己是否能够为来访者提供最合适的帮助。来访者也可以在此期间感受一下咨询师的咨询风格是否适合自己。在这个阶段结束时，来访者和咨询师需要一起为后续咨询的方向和目标达成共识。

探索阶段

在探索阶段，咨询师要建立良好的氛围，发展治疗关系，鼓励来访者讲述自己的故事，帮助来访者表达自己的想法和情感，促进情感唤醒，并且了解来访者。探索阶段则给来访者提供了一个很好地表达情感、彻底思考自己问题的机会。在这一阶段，来访者能够在咨询师的陪伴下更加放开自己，对自我的成长史展开探索。通常来访者独自思考自己的问题时，一般会因有防御心和焦虑感而受阻。在受阻情况下，来访者觉得自己一直在原地打转，并没有获得领悟，也未能做出改变。因此，咨询师的在场和陪伴会给来访者更多力量和勇气去触及生命中的伤痛。

领悟阶段

在领悟阶段，咨询师与来访者合作以使来访者更好地了解自己的想法、情感和行为。同时让来访者有机会认识自己在问题的维持中起着什么作用。领悟是重要的，因为它可以帮助来访者从新的视角看待事物并使他们承担一定的责任，从而控制自己的问题。若来访者获得了一定程度的理解，就更容易改变。

行动阶段

在行动阶段，咨询师帮助来访者思考能够体现他们所获领悟的改变。他们一起探讨改变在来访者生活中的意义，一起运用“脑力激荡”法讨论不同的改变方法并确定可行的方案。有些情况下，咨询师会教授来访者一些改变的方法。另外，咨询师帮助来访者发展一些新的行为策略并从治疗关系外的其他人那里寻求反馈。咨询师和来访者也会评估行动计划的结果，并进行修改以帮助来访者获得预期效果。与前两个阶段一样，这个阶段也是合作关系。咨询师不断询问来访者关于改变的感受，辅助来访者探索关于行动的想法和感受并做出积极改变。

结束阶段

结束与开始同样重要。在这个阶段中，咨询师将与来访者一起回顾过去咨询中的过程、感受与收获，让双方在咨询结束后依然可以在彼此心中留下一个温暖、稳定和正向的印象，陪伴来访者在未来继续前行。讨论可以在来访者感觉合适的时候，让结束更自然地发生，实现平稳的过渡。

第三节　如何选择靠谱的心理咨询师？

　　当我们计划寻求心理咨询来给予孩子专业帮助时，很多时候大家都会很头痛如何选择心理咨询师。我们既希望这位咨询师是专业且靠谱的，同时也希望其足够适合自己的需要，与自己的匹配度更高。那么我们可以从哪些标准来判断和选择呢？

1. 看资质

　　所谓资质，就是看咨询师是否持有相关的职业资格证书。

　　2001 年 4 月，原劳动与社会保障部颁布《心理咨询师国家职业标准（试行）》，将心理咨询师正式列入了《中国职业大典》，很多人认为这标志着心理咨询师这个职业在中国劳动力市场上的确立。如果大家在咨询师介绍中看到国家二级 / 三级心理咨询师的说法，那就是来源于这个系列的职业许可认证。其中二级心理咨询师为一个中级称号，也是目前我国最高级别的心理咨询师称号，三级是初级，一级是高级但目前尚未执行授予。心理咨询师职业资格考试大规模地普及了心理学和心理健康知识，提高了心理学行业的社会认知度，然而由于报考门槛低、考试相对简单、缺乏取证后继续教育、督导体系和行业监管，导致我国目前虽有超过 130 多万持证的心理咨询师，但真正能胜任心理咨询工作的从业者不足 10%。很多人虽然取得了证书，但能力不够，导致行业鱼龙混杂，为人诟病。2017 年 9 月 12 日，国家人力资源与社会保障部公布国家职业资格目录清单，心理咨询师职业退出国家职业资格认证。

随着中国临床心理学和咨询心理学的不断发展，高素质的临床与咨询心理学专业人员、高水平的专业机构不仅成为当前社会的迫切需求，也关系到我国临床与咨询心理学领域的社会声望和学科严肃性。专业的发展亟待建立对从业人员存在现实约束力，并有相应配套的专业人员和专业机构准入标准、培训机构认证标准，以及专业伦理规范等规定，以便专业学会实现对行业进行有效的内部监

控和自我管理，做到行业内部自律。在这样的背景下，中国心理学会临床与咨询心理学专业机构和专业人员注册系统（www.chinacpb.net）于2007年2月建立，推出了临床与咨询心理学注册系统的注册标准及伦理守则。截至2021年1月31日，注册系统有注册人员2520人，包括注册督导师432人，注册心理师1447，注册助理心理师641人；正在伦理公示期的有1096人（其中注册督导师为最高级别的专业人员）。我们可以登其官网，查看所有注册人员名单。

2021年7月，中国心理卫生协会发布《中国心理卫生心理咨询师能力提升工程首批注册心理咨询师推荐工作通知》，启动了注册心理咨询师的工作，全国763名咨询师入选中国心理卫生协会首批注册心理咨询师。这个职业资格认证也同样值得关注。

2. 看受训背景

第一，咨询师是否接受过心理学、精神病学或其他相关学科的学历教育。如果咨询师接受过良好的学历教育，至少证明其有较好的学习能力，同时在长时间的学科熏陶下能够形成更好的专业视角，专业素养可以得到基础性的保障。

第二，咨询师是否接受过专业的长程心理培训。一般长程心理培训是指跨度在两年以上的连续培训。心理咨询是一项专业化工作，只有连续、系统的培训才能够帮助咨询师充分理解和掌握一个流派的治疗观和治疗技术，因此，它是非常必要的训练过程。

第三，咨询师是否依然在不断接受相关培训。心理咨询的工作对象是人的精神世界，这是非常复杂、专业要求极高的领域。继续学习不仅是对咨询师的要求，也是其个人态度的一个重要体现。中国心理学会临床与咨询心理学专业人员注册标准中，不论是哪个级别的咨询师，都对继续教育有明确规定，要求注册者必须在一个注册期内完成相应的专业伦理培训学习和其他专业培训项目学习，才可以继续注册。

第四，咨询师有没有持续接受专业督导。督导师是比咨询师更资深的专业人员。通过接受督导，咨询师可以进一步提升专业胜任力，为来访者提供更有效的服务。督导分为个体督导和团体督导。个体督导是督导师与咨询师以一对一的形式展开工作，能够帮助咨询师更好地提升咨询技能，深入自我觉察，对个案进行理解和干预。接受个体督导是咨询师推动自身专业成长中必不可少的部分。团体督导是督导师与咨询师以一对多的形式展开工作，更侧重对个案的理解和探讨。我们可以通过咨询师接受个体督导和团体督导的时长来判断其在专业上的投入。

第五，咨询师是否接受过长期的个人体验。个人体验是指咨询师在受训过程中，自己接受心理咨询的过程。心理咨询是一个在人际间展开的专业工作，非常有赖于咨询师的专业性。接受个人体验，不仅能够帮助咨询师更切身地体验来访者位置的感受，对咨询本身有更深刻的认识，同时，能够增进咨询师的自我体验和觉察，促进其人格成长，降低咨询师因其个人问题影响咨询过程的可能性。

3. 看临床经验

心理咨询是一项非常需要临床经验的工作，因此咨询师的个案

时数也是衡量咨询师专业能力的重要参考因素之一。同时，咨询师在其职业生涯初期是否曾在高资质的专业机构（比如中国心理学会临床与咨询心理学注册系统实习机构）进行长期服务，也可以纳入考虑。机构会对咨询师进行统一的培训、考核和管理，在这样的机构实习或工作，咨询师的临床实践会更加规范和有保障。

那么，是否一个咨询师表示自己每周工作时数越多越好呢？答案是否定的。咨询是一个咨询师需要充分调动自己去体会来访者感受的工作，除了咨询面谈的部分，咨询师也需要有足够的时间来对个案进行记录和反思，接受督导和学习，"保养"好自己这个"工具"，才可以更好地为来访者服务。因此，如果咨询师号称自己全周无休、每周个案量巨大，看似其"火爆"，其实恰恰是非常不专业的表现。

4. 对其他个性化因素的考虑

我们在选择咨询师时，还需要考虑其他与自己有关的个性化因素，比如咨询师的性别、擅长领域、流派倾向、收费情况、时间和地点等。一般来说，咨询师也需要一些咨询时间来充分地了解和评估来访者的情况（一般 1 次到 4 次，或者根据咨询师流派不同，会有不同）。在此期间，来访者可以感受一下咨询师的咨询风格是否适合自己，咨询师也会评估自己是否能够为来访者提供最合适的帮助。通俗来讲，这是一个彼此选择期，考虑到咨询是一个需要长时间投入才会有收获的事，亲身体验后的自我感受才最重要。

第四节　关于心理咨询的常见疑问

1. 已经谈过一次了，我的孩子怎么还没好？

冰冻三尺非一日之寒，心理问题的形成也同样非一日之果，所以心理咨询也不是一次就能解决问题的。来访者与咨询师从关系的初步建立，到逐渐亲密、交付信任，都需要一个过程。我们需要有足够的耐心来等待孩子敞开心扉、自我理解并慢慢发生改变。

简单说来，心理咨询一般持续多次，8 到 30 次是最为普遍的咨询次数。美国心理学会（APA）官网中一项重要的研究表明，50% 的来访者在 8 次咨询后呈现好转，而 75% 的来访者在接受咨询 6 个月后会明显好转。

具体来说，心理咨询的持续时长与很多因素有关，包括咨询问题的类型和严重程度、来访者的咨询目标、咨询师针对不同咨询目标所采用的工作方式，以及来访者的人格特质、经济状况、自身生活发生的客观变化，甚至语言表达等。我们可以与咨询师详细讨论自己的咨询目标，并在过程中积极主动与咨询师一起工作，使咨询能够更好地发挥作用。

2. 可不可以让孩子有问题就立即联系咨询师？

并不建议让孩子有问题随时联系咨询师，把咨询师变成如同朋友、老师一样角色的存在。咨询并不是普通的聊天，也并非随时随地可以展开，它是一项专业的工作，因此对于咨询来说，设置很重要。只有固定的时间、固定的地点、固定的频率，才有助于形成具有治疗意义的环境。从某种意义上，咨询设置是咨询发挥作用的框架和基石。在咨询中我们会讨论来访者在现实生活中发生的事，但咨询师并不会真正地进入来访者的生活。这样，辅以保密原则，来访者才可以有机会在咨询中与咨询师充分地讨论他在现实中难以表达的各种情绪、幻想、内在冲突。如果随时都可以联系，咨询师的身份就会变得模糊，界限也不再清晰，咨询就无法深入开展。同时，推动来访者自主性的发展也是咨询的重要方向之一，随时联系会导致来访者与咨询师关系变得过度粘连，对来访者的发展产生不利的影响。

不过，也有两种情况家长是可以临时通过机构或直接联系咨询师的：一是事务性沟通。比如因为一些客观原因需要调整咨询预约时间等。另一种情况是与咨询师有过讨论的可以联系的特殊情况。比如孩子可能正处于自杀/自伤/伤人的危机下，可以联系咨询师，以启动危机支持系统（包括紧急联系人、危机干预热线、老师或警方）。

3. 咨询师可以把孩子的情况告诉家长吗？

咨询师非常理解家长对孩子情况的关心，以及迫切希望帮助到孩子的心情。虽然咨询遵循保密原则，但当来访者为未成年人时，监护人有权了解孩子的情况。事实上，孩子的心理问题很多时候都有家庭因素的影响，如果能得到家长的理解和帮助，家庭能够主动做出改变来支持孩子的成长，那对孩子是大有裨益的。

不过为了更好地帮助到孩子，咨访关系也是非常需要被纳入考虑的，如果咨询师未征得孩子的同意，在孩子没有危机的情况下，过早把孩子的信息透露给家长，有可能会失去孩子的信任，对咨访关系产生破坏性影响。

因此，在咨询的早期，咨询师需要先与孩子建立关系，无特殊需要的话，咨询师可能不会立即与家长沟通与孩子交流的情况。在此期间，需要家长有足够的耐心和信任，并给咨询留下空间。在与孩子充分沟通后，咨询师一般会在孩子知情并同意的情况下，邀请家长加入讨论，一起集合资源与力量来帮助孩子。届时，家长也可以与咨询师进行充分的沟通和交流。

（作者：刁静）

那些走进
心理咨询室的孩子

在这部分中，以案例故事形式呈现学生群体中常见的心理问题，涉及学业焦虑、人际关系、恋爱情感、游戏成瘾、追星等多个主题，一个故事围绕一个主题展开。每个主题通过故事梗概、咨询过程、原理分析和咨询师的建议四个小节，帮助家长们了解现象背后的原因，从心理健康的角度理解孩子当下的困惑，从而在行为上更好地帮助到孩子。

咨询师讲故事

故事1
大学梦易碎——如何面对大学生活的新困难？

【故事梗概】

　　小洋来到咨询室时，很有礼貌又略显局促地和咨询师打招呼，坐下之后，不知道怎么开口来讲述，很担心自己讲得不好。在咨询师的鼓励下，小洋才慢慢放松下来。小洋今年大二，当班长快两年了，却一直感到自己不配，越发不想继续当班长。起因是她近期在为评选优秀班级努力，一些需要其他同学配合的地方，她屡屡催促，对方都拖着、不太上心，她很生气，更多的是沮丧。

　　想到自己学习不是最优秀的、人际关系也不擅长，当上班长后也没办法增加班级的凝聚力，小洋感到自己什么都做不好，想要卸任，又担心是"撂挑子"。

　　小洋与室友之间也很有距离感，她喜欢学习，平时去图书馆的时候更多，但室友更喜欢参加各种社团活动，喜欢讨论游戏、看剧，小洋觉得挺无聊的。有时候想一起多交流，发现对彼此的话题都不太感兴趣。她曾想主动和其他人建立关系，但没有回应，因此而觉得心累。

小洋有时打电话向父母倾诉在学校的处境，父母让她心胸开阔一些，要注重搞好和同学老师的关系，想办法克服困难履行自己的职责，"做好你自己就行"。她能够理解父母是在安慰、支持她，但她常有的反应是，要么烦躁地在争吵中结束通话，要么在电话里莫名哭出来。

谈到这些时，小洋在咨询室里也止不住地掉泪。她告诉咨询师，其实每次在电话里顶撞父母，或没忍住眼泪，事后都对父母很内疚。她说，进入大学以来，自己什么事情都做不好，一切都糟糕透了……

【咨询过程】

经过咨询了解到，小洋带着期待和憧憬进入大学，但进校不久后就发现，在很多事情上都感觉到困难。比如身边同学积极参与各种社团活动，她却很迷茫，不知道自己该选择什么样的社团，况且学习已经占用了很多时间。这也造成和同学的交流很浅，感兴趣的点不一样，常常聊不到一起去，她没法理解同学热衷的那些活动、游戏和话剧有什么吸引力，同学也不太理解她对学习的在意……她希望和同学建立和谐亲密的关系，却常感到自己格格不入，融不进去，于是她选择每天去图书馆自习，但这让她越发显得独来独往了。

小洋是班长，高中时就是班长，这也是开学后她毛遂自荐、主动承担责任的原因，像以前一样，她真心希望能为班级服务。

咨询过程中，小洋谈到现在的大学生活与过去是如何不同，又如何与她一开始的期待和想象不一样，她心中充满了落差和困惑，希望咨询师能教她应该怎么做。

咨询师听到小洋的抱怨和疑惑，感受到这背后深深的无助。

在认识了眼前这个"困难重重"的小洋后，咨询师邀请她讲讲自己过去的样子。原来小洋在小学、初高中成绩都很优秀，一直是班干部，和同学相处都挺融洽，比较受老师喜欢。那时候她学习好，身边的一切都很简单，同学间有矛盾也很容易化解，身边有一群好朋友，班干部也没那么"难当"。

父母不需要太操心她的学习，她偶尔碰到不顺心的事，也会得到父母的支持鼓励。离家上大学，是小洋第一次长时间离开父母，独立生活，她原本也很有信心，但没想到会"这么难"。

通过交谈，咨询师明白小洋碰到的问题正是大学生群体中很常见的新环境的适应问题。从高中到大学，环境的变化，使她面临一系列新的要求和挑战，而她自己过去的应对方式、对自己的要求，已经不再适应这个变化了的新环境。其实不是小洋不够好，只是她需要重新认识环境以及环境的要求，重新认识和面对自己。

通过咨询，小洋逐渐理解自己的困难、沮丧都是有原因的，开始认识到她面临的环境变了，但她的应对方式和自我期待却没有改变。当困难变得更清晰具体，小洋自己就有了方向和信心，她知道可能还是会感觉很困难，但更有勇气去面对"她的大学"了。

【原理分析】

1. 环境变化，哪怕是好的变化，也会带来一些新挑战

为人父母，常会认为孩子考上了满意的大学，就是一件非常值得开心的事情，大学里没有初高中时期紧迫的学业压力，可以放松一些了。小洋的父母更是这么认为的：这孩子一向都不需要人操心，能把自己的学习、生活安排得很好，高三那么大的压力都可以应付过来，现在到了大学，肯定有能力照顾好自己。

父母对孩子的信心、爱和支持，无疑是宝贵的情感抚慰，让孩子体会到温暖，"即使在别处很糟糕，但在父母眼中，我还是那个很棒的、被爱着的孩子"。但隐含的风险是，这份相信可能会使父母忽略了孩子"现实的困难"。

这个案例中的情况很典型。中学里，成绩占据最重要的地位，学生学习好，就容易获得好的人际关系，更容易被认可被喜欢，获得自信和胜任感，因此取得不错的成绩，或者全心为学习成绩努力，就是这阶段主要的任务了。

进入大学后，身边的人可能和自己同等优秀，要在学业上获得优势变得更加困难。同时，学业表现不再是唯一重要的衡量标准，社交、运动、竞赛、实践工作、兴趣爱好、亲密关系，等等，都能带来自我认同感的提升。但如果仍然像过去一样，要求自己各方面的表现都要足够出色，这份自由和多样化往往会成为打击自信的源头——很少有人能够在所有方面都完美，即使学习成绩优异，在其他方面也可能不如身边人。

新环境会带来好的变化也会带来挑战，多数的改变都有利有

弊。如果个人能力不足以应对、消化环境中的变化，那么变化带来的挑战和困难就会凸显出来。小洋的遭遇，更贴近后一种情况。

2. 从"失衡"到"恢复平衡"，孩子有自己的资源

环境变化会使人们经历一段时间的"失衡"，这是因为过去的方式应对旧的环境十分有效，达到了一个"平衡"。可环境改变了，如果还用过去的应对方式，很可能就会不那么有效了，这就导致"失衡"。而适应新的环境，发展出新的应对方式，重新恢复平衡的过程，就是我们的"适应与成长"。

和小洋一样，一些同学在进入大学的初期并没有意识到自己来到了和过去不同的环境，没有发现大学不仅对学业有要求，还对人际关系、自主性、心理弹性、协作能力等方面提出了更多的要求。尽管没有这些方面的"考试"，但这些挑战却暗藏在每天的生活中。

小洋的困难不是单一的问题，是方方面面的，回答"当不当班长、怎么当好这个班长"，很可能只是帮她暂时逃避或"应付"了眼前这一难题，但不能使小洋走出"失衡"的困境。

或许父母也很困惑，孩子上大学都两年了，这么长时间早该适应好了吧，怎么还说是适应问题？

确实是这样，随着时间的推移、对物理环境的熟悉，并不意味着一个人已经获得了应对新环境所需要的技能，包括心理能力。

小洋的困境正是虽然来到大学已经两年了，但她仍然没能适应新的环境，无法使生活和心理恢复平衡。

事实上，小洋有很好的内在资源，比如智商、理解力、自信

心、勇于承担的责任感、主动沟通的真诚态度、过去能和同学建立和谐关系的能力等，但在新的环境中，这些没有发挥出来，因为她的注意力都放在"还希望所有事情都能和过去一样简单、美好"上，忽略了生活已经失衡。

找回平衡，是需要在新的环境里寻找，而不是在"想象中的旧环境"中去找。从没有人清晰地告诉过她这些，当她向父母求助时，父母一如既往地提供情感支持和抽象的解决方案——做好你自己就行，但没有意识到，已经失衡的她如何能做好自己呢？

心理咨询中对过去和现在的梳理，让小洋看到了环境的变化，她体会到如果还像以前一样要求自己，那是僵化的、不适应的。她也想起曾经的自己是有自信的，在人际交往上，能够和一些人相处融洽，但也不是跟所有人都互相喜欢，可那时候的不被喜欢，并没有像现在这样，直接严重影响到她对自己的评价。这份重新找回的自信，便成为她未来可以面对困境的底气。

3. 不必直接给出答案，但要去"搭脚手架"

整个咨询过程中，咨询师没有直接告诉小洋该怎么做，但接纳她的情绪，正视并且重视她的困难，同她一起梳理困境，并从困境中发现了资源。

这个梳理、倾听的过程，像是在一点点搭一个"脚手架"，一点点引导，让小洋看到自己的境遇、恢复信心，从而发展出一些属于她自己的应对困难的方法。那些信心不是凭空而来的，而是她自己本身就曾经拥有过的。

同时也向小洋示范了停止自我批评、进行有效反思的过程：当

感到一切都很困难、觉得自己很糟糕的时候，也许可以停下来看一看，是不是周遭环境发生了一些变化而不自知？之所以感到这么困难，是不是搞错了方向、使错了力气才导致事倍功半？从而学会自己去分析困难、解决困难。

【咨询师的建议】

应该帮助孩子去面对不同阶段的适应性问题，而非简单化地处理它们，这个过程能帮助孩子自身发展出面对困难、解决困难的能力，家长和孩子可以共同珍惜生命中重要的"变化时刻"。

1. 理解孩子向父母倾诉是遇到困难与求助的"信号"

当孩子向父母倾诉时，在表达着什么？每对亲子关系中都有不同的沟通模式，如果发现孩子的倾诉与平时的沟通有些明显不同，尤其是频率、程度、持续时间明显超出了平时的情况，这可能意味着孩子在表达困难、寻求支持了。

这时候，父母可以耐心去听一听，提供情感上的支持和安慰——这是多数父母们能够做到的。这份和父母的情感联结与信赖，正是小洋同学愿意给父母打电话倾诉的原因。

许多子女几乎不和父母沟通自己在真实生活中的困难，报喜不报忧，想让父母安心。或是觉得父母也帮不上什么忙，还是不说，以免父母无谓的担心。有时候是孩子自己承受着困惑、迷茫，甚至焦虑、抑郁。

孩子离家进入大学，最常碰到的问题之一，就是分离和适应的问题。一切都是陌生的，一些已有的能力可能都会暂时性地"退化"，使孩子看起来更脆弱无力；一些没有发展出来的能力，则会让孩子感到挫败。

当孩子愿意打电话回家哭诉时，可能正在寻求情感上的慰藉，也可能是因无助而希望有一个自己信赖的、有力量的成年人能够提供一些帮助。建议父母即使没有很好的解决办法，也不要简单化地带过而阻断沟通的渠道，而是引导孩子可以共同寻找专业老师的帮助。

另外，通常来说，随着孩子进入高校、进入青春期，人际关系和兴趣会逐渐转向同龄人，有开心和不开心会更愿意向同伴倾诉，如果这个阶段的孩子时常向家里打电话倾诉在学校里的不愉快，这暗示着孩子也许缺乏其他同伴的支持。

父母需要意识到，不能使自己成为孩子仅有的支持资源（当然父母的支持在任何时候都很重要），而要帮他们学会建立自己的资源。

2. 理解大学阶段的特殊性，帮助孩子成长，或寻求专业支持

如上文所述，升学是每个人都会经历的正常过程，但大学生活又和过去的学校生活不太一样，不少孩子是第一次长时间远离父母，真正意义上和另一群陌生的同龄人生活在一起，面临着生活和人际关系上的新的挑战。

这意味着大学阶段是一名"学生"迈向"社会人"身份的预演。在大学里，除了完成学业的基本任务，还需要有意识地磨炼将

来进入社会分工协作、与人建立关系所需的种种技能与能力。

比如中学时当班干部，有学校老师和职位赋予的权威感，能够相对顺利地完成工作，不用太费劲。但进入大学或者工作岗位后，若要担任一定的职务，则更需要个人自身的组织能力、领导能力、人格魅力等。做好这份工作，还需要在相关能力上有所提升。

大学里自由度更高，也意味着需要去做一些取舍，即需要具备"做选择"的能力。例如，有的人喜欢学习，未来想读研，愿意花更多时间在学习上，而有的人愿意花更多时间在社团活动或实习实践上。

很多大学生的困难在于难以取舍，不太清楚自己想选择什么，往往会盲目跟风。

人际上也面临着"取舍"，过去的人际关系相对简单，中小学的评价体系、目标都很一致，比较容易建立相对稳定而和谐的关系。但到了大学里，环境更宽松自由，每个人都可以、需要去选择合适的人建立关系。

父母除了督促学习，如能在以上方面提供一些支持，对孩子会更有帮助。另外父母需要意识到，这部分很难仅通过言语来传达，更多需要在实践当中去获得经验。

有些父母在督促孩子学习上，还能起到作用，但在培养其他能力方面，自身也感到困难，就像小洋的父母一定也想帮助小洋，但无从做起，于是只能空洞地鼓励"做好你自己就行""和同学老师处好关系"。如果孩子的确是存在一些能力上的发展欠缺，而父母又帮不上忙，这个时候就可以通过寻求专业心理咨询的帮助，来促进孩子的健康发展。所谓专业的事情，找专业的人去做。

3. 理解孩子大学阶段的心理发展特点，鼓励探索，做其后盾

大学期间的适应，不仅是对新环境的适应，更主要是对新的心理发展阶段的适应。

青春期和成年早期对应着中学和大学阶段，从心理发展上来讲，每个人都面临着寻找自我身份认同的发展任务，即探索"我"是个什么样的人、"我"希望成为什么样的人。

如果能够形成稳固的自我身份认同，获得一份确定感、承诺感，会愿意为自己选择的方向付出努力、克服困难，不会因为他人的好坏所动摇，也更容易做出上述一些生活、工作中的决定。

被热议的冬奥健儿、少年冠军谷爱凌和苏翊鸣让多少父母羡慕。不是人人都有机会成为冠军，但对普通人更有启发的，是他们很早就确定了自己所爱，并为之付出不懈努力。他们享受了胜利，更重要的是他们也非常享受他们所从事的行业，无论是否成功都在向成功努力——这是一个人在青春期甚至更早就形成了稳定的自我身份认同的状态。

受到教育环境的影响，国人在青春期就应该面临的寻找"自我身份认同"的心理发展任务，普遍是滞后的，被统一目标所遮盖。但随着一个人迈向成年，这些议题并没有消失，许多人在大学阶段才开始直面这一发展任务，会扪心自问："我"是什么样的人，"我"想做什么，"我"想成为什么样的人……

因为过去很少需要去思考，所以当真正叩问内心时，找不到答案，常会带来迷茫、焦虑、无意义感，越是可以自由选择，越是逼

近走出校门走入社会，这份焦虑感就越是猛烈。

但每一次的"危机"，恰是"契机"。如果这是每个人迟早要探索的课题，与其让孩子在未来进入社会后再纠结，不如鼓励他在学校里多多尝试，去做做看，什么是喜欢的、什么是不喜欢的、什么是擅长的、什么是不擅长的、想要成为的是什么、完全不想做的是什么……

父母都希望为孩子选择最稳妥、最安全的道路，这可以理解，但大学里的试错并不危险，反而蕴藏无限生机，可以让孩子获得自发的勇气和面对挫折又能再站起来的坚韧。要为孩子选择一个没有困难的人生，那太不现实。因此让孩子们获得经营自己人生的能力，才是他最可靠的财富。

如果这份认同在过去没有机会发展出来，大学碰到的这些挫折恰好是契机，使他可以去反思、探索和尝试。如果父母自身也不知道具体怎么帮助孩子度过这个阶段，至少能够做到的是：承认这些问题的确会带来焦虑，成为能够承接住孩子情绪的港湾，鼓励其探索，做他坚实的后盾。

孩子如果在大学期间，能够及时抓住机会直面困难，使过去被忽略的能力有所发展，不仅仅能更好地适应大学生活，更为重要的是，这为孩子未来步入社会、进入新的环境和人生阶段，储备了各种能力，去应对所有挑战。

（作者：徐冠群）

故事 2

半夜两点还不睡，失眠都是手机的罪？

【故事梗概】

　　大二女生安安长期有入睡困难、睡眠浅、易惊醒的困扰，自从读大学以来，常常感到自己因为睡不好而昏昏沉沉。为此，安安非常难过，眼看自己的成绩毫无起色，也不像身边的同学一样天天充满活力，活跃在各个社团、舞台上。安安在查阅了很多资料后决定和父母商量一下，让父母带自己去医院的精神科看一看。

　　安安的爸爸妈妈接到电话后的第一反应却是：肯定是你天天半夜玩手机导致的。安安的父母随后赶到了学校，告诉她：要是你管不住自己，妈妈就来学校这边陪读，每天监督你的作息，晚上睡觉之后就没收你的手机、电脑，在外面租房子也不会受到别人的打扰了，完全没有必要去医院看什么精神科，睡不着而已，只要作息规律就没事了，都是小孩子管不住自己的问题。

　　眼看着自己的求助换来了父母这样的回应，安安又气又急，直接拒绝了爸妈要来陪读的提议，面对生气的安安，父母则更加坚信

安安就是想自己在学校里可以尽情玩手机不睡觉。

【咨询过程】

临近期中考试，安安的失眠越来越严重，根本无法进入复习状态。在心理委员的建议下，安安了解到身心问题不仅可以去医院就医，也可以向心理健康教育中心求助。于是安安主动预约了心理咨询，决定去正式面对自己的睡眠问题。

在每周一次的咨询过程中，咨询师和安安一起进行了以下咨询内容：

①在咨询师的建议和支持下，安安前往校医院的精神科进行诊断，精神科医生给予了中度焦虑状态的诊断，并建议服药缓解失眠症状和情绪问题，同时进行心理咨询。

②和咨询师共同梳理了自己成长过程中的失眠发展历程，以及可能的影响因素，发现安安每次在面对压力的时候，失眠的状况会进一步恶化，尤其是关于学业和人际交往方面的困扰，安安会忍不住在入睡时反复思考回顾，产生较多情绪，让自己处于焦灼、自责和无助的状态中，难以放松入睡。咨询师和安安共同讨论了一些压力管理和认知调节的方式并进行实践。

③进行睡眠仪式感的建立，认真讨论了爸妈关于"都是玩手机导致的"这一个原因。手机等电子设备很容易成为打发时间转移注意力的选项，蓝光刺激和内容刺激的确会进一步延长安安的入睡时间。咨询师和安安练习了渐进式肌肉放松术和冥想放松法，以及一系列睡前有利于作息规律的行为操作，安安选择了晚饭喝热牛奶和

十一点泡脚，睡前发一条晚安微博，亲亲自己的毛绒兔玩偶作为睡前仪式并进行实践。

经过前后两个学期一共十二次的咨询和实践，安安的睡眠问题得到一定程度的缓解，在临近考试或者重大挑战时的失眠问题，也不再让她那么痛苦和焦虑，失眠不再成为安安的困难议题，经过精神科医生的评估，药量也进行了调整。

【原理分析】

也许有很多家长逮到过孩子在半夜玩手机、平板电脑或者其他电子设备，所以，当孩子出现睡眠问题，尤其是睡眠缺乏、难以入睡、多梦易醒，父母的第一反应就是孩子肯定又是半夜在玩手机了，只要把电子设备没收了或者加以管制，孩子没了可以玩的，自然就能乖乖睡觉了。家长们有这样的想法很正常，很多相关心理学研究都表明，媒体使用尤其是手机使用习惯与睡眠质量之间是负相关，过度的手机使用确实能够预测睡眠问题概率，手机等设备的蓝光频段不仅给大脑带来过多生理刺激，也会因为注意力的不断集中而导致神经兴奋，难以入眠，同时玩手机玩到自然困也是神经过度兴奋的表现，在高刺激强度下入睡也会导致睡不踏实、易惊醒的睡眠问题。所以，安安爸妈的第一反应也不算全无依据，在咨询中安安梳理自己的睡眠问题时也确实感到自己一失眠就忍不住拿起手机，想着反正也睡不着，不如玩点什么，这样的心态也让自己的睡眠问题越来越严重。

那么，禁止电子设备使用，真的就能改善睡眠问题吗？亲爱

　　的家长朋友们，这一招也许对小孩子是有效的，但是对安安这样的大学生，可能反而会更加激发他们的逆反心理，更有部分同学，其实玩手机只是失眠的后果或者说转移情绪的方式，是果而非因。这样一味指责都是手机的罪，可能会让孩子们觉得不分青红皂白的家长是很难理解自己的，从而加深亲子隔阂，把想要帮忙的家长拒之门外。

　　在本案例中的安安就是如此，从高中时一次考试失利开始，安安就对考试产生了焦虑与恐惧情绪，在这样的情绪持续没有得到疏解与引导之后，安安逐渐将自己的焦虑情绪躯体化，即以睡眠问题传达了自己内心的感受，在失眠的同时，安安也会有心慌、多汗、记忆力有所衰退的其他表现，而失眠尤为突出。这种情况持续发展下去，安安发现，自己每次在面对一些考试、演讲、面试等有压力的事件时，以及和陌生人交流、和朋友有争执等一些带来人际困扰的事件时，失眠的情况就会恶化、而睡不着—状态差—无法应对挑战和压力这样的认知模式不断循环，失眠逐渐成为一件"会毁了我"的恶性事件。这样的负面认知不仅让安安失眠时感到不想去积极调整，更会带来非常难以忍受的焦虑情绪。我们在面对不舒服的情绪时，如果缺乏一定的耐受力，就会迫不及待地寻找转移注意力的方法，玩手机只是其中一种方便快捷的转移注意力、取悦自己、缓解情绪压力的方式，也有的失眠的人会去打游戏、去喝酒，等等。所以，完全说失眠都是手机的罪，用个法律术语来说就是惩罚过重，禁止使用手机更是矫枉过正。

睡眠问题有可能是一些身心疾病的表现，比如神经衰弱、疼痛疾病、抑郁症都会引发一系列睡眠问题，此时应针对引发源积极治疗才能缓解问题。而很多人的睡眠问题，其实更多是由心理因素引发的躯体表现，主要包括不合理认知、情绪管理、日常行为问题这三大方面。

不合理认知：每个人睡眠习惯各不相同，据说爱迪生每天只用睡 4 小时就能神清气爽，当然这位"大神"的脑结构也与常人不同。失眠本身跟害怕失眠会发生相比，往往后者更能引发失眠者的痛苦与恐惧。试想一下，每当夜幕降临，彻夜不眠的恐惧感就笼罩心头，这对每个人来说都相当痛苦。"失眠很可怕""睡不着明天就完了""我肯定又要失眠"，这样类似的认知其实都是不合理信念中的一种，这种糟糕至极、绝对化的想法，往往是我们需要认真

讨论、进行辩驳从而树立睡眠信心的第一步，这也是本案例中咨询师同安安共同讨论的第一步。

情绪管理：案例中的安安被诊断为中度焦虑，焦虑感与睡眠问题总是形影不离。前文中的不合理认知也能引发个体的焦虑感，如何耐受焦虑，如何缓解焦虑，如何与焦虑相处，是面对睡眠问题的重要议题。在咨询中安安进行了渐进式肌肉放松练习、冥想练习，并且在咨询结束后自己学习了正念，这些都有助于个体与焦虑等不舒服的情绪相处，进一步让情绪恢复平静，进入放松和休息状态。

日常行为问题：睡眠是生活习惯中的一个部分，将它正常化、规律化有利于我们建立更加自控的作息。睡前玩手机也可以成为我们日常行为管理的一部分，我们将玩手机作为一种睡前仪式，反而更能够减少内心的冲突感和挫败感，以更加平和的心态逐渐帮助自己进入睡前状态。就像小婴儿在一开始进行睡眠训练时，家长会以洗澡、放歌、讲故事等固定的方式帮助婴儿建立睡前仪式。

【咨询师的建议】

1. 正常化：科学合理看待孩子的睡眠问题

正如上文所述，睡眠问题一旦被放大，反而会引发更多的焦虑感受，而一个紧张焦虑的孩子是更难进入睡眠状态的。想一想睡眠是怎样的状态——是我们充分放松得以休息的过程，所以当孩子在出现睡眠问题时，不管是指责还是管理，都会带来更多紧张的情绪。

如何科学合理地看待孩子的睡眠问题？首先我们作为家长，可以提前、主动学习一些睡眠的相关科学知识，包括睡眠的脑生理机制、睡眠的脑电波状态、睡眠的过程（入睡期—浅睡眠—深睡眠—快速眼动睡眠）等，了解问题是我们提高掌控感、感到踏实的前提。睡眠问题的发生也是我们经常遇到的困扰之一，有明显应激事件引发的短暂失眠是很正常的，也不会对我们的身心状况有太多影响。比如考前失眠其实并不会让我们第二天在考场上睡着，反而是"我昨晚没睡好"这样的想法会让我们在考场上倍加紧张。当睡眠问题发生时，家长的正常化态度可以帮孩子减轻心理负担，让其以更加放松和接纳的心理状态去面对和解决这个问题。

2. 个性化：仔细耐心地探讨睡眠问题背后的心理因素

睡眠是一个非常容易观察到的躯体症状，现象背后的心理因素是复杂的。家长如果一刀切地归咎于某个原因，很可能会让真正的影响因素无法被探讨到，从而让问题的解决浮于表面，或者根本无法被解决。案例中的安安失眠的背后是难以很好处理压力导致的焦虑感，也有一些孩子或因为和父母的冲突，或因为网络游戏成瘾，或因为抑郁情绪，或因为时间管理带来的失控感等而失眠。搞清楚为什么失眠，能够帮我们进一步贴近孩子目前所遇到的身心困难，在沟通的过程中，孩子也会觉得自己被认真对待了。

因为个体的复杂性和成长性，也许影响孩子睡眠问题的心理因素不止一个，这也是非常正常的，个体的知情意行本就是互相影响、统一实现的。我们应理解孩子是如何看待失眠的，在什么时候会失眠，失眠的时候都在想些什么，一般会做些什么，如果不转移注意力而待在失眠状态里会有怎样的感受，在这样的沟通中去了解我们的孩子，遇到了什么样的困难，这样我们可以更切实地帮助到他们。

3. 专业化：拒绝讳疾忌医，躯体化症状就医的必要性

我们每个人都会遇到失眠，不管是重大生活事件带来的精神刺激，还是需要紧急赶个工作的被迫熬夜，睡不着，睡不好，这是常有的事情。但我们需要分清楚偶尔失眠和睡眠障碍之间的区别。当睡眠作为一种躯体化症状，成为个体难以自行调整的身心障碍，我们就不能讳疾忌医，应当及时去寻求专业人员的帮助和治疗，就像本案例中的安安，当她的情绪问题得到诊断，接受了药物的治疗，可以对睡眠问题有较好的针对疗效。我们可以从问题的持续时间、身心功能和社会功能的影响程度、主观痛苦程度等多方面来评估孩子目前睡眠问题的严重程度，从而判断我们是否需要去寻求专业人士的帮助。

（作者：刘晨）

【测一测】

失眠严重指数量表在临床上用作失眠临床验证筛选，在本研究中用来评估学生过去两个月睡眠问题的严重程度。表里共有7项评估内容，总评分为28分，0～7分为无临床意义的失眠；8～14分为轻度失眠；15～21分为中度失眠；22～28分为重度失眠。

1. 描述你最近两周失眠问题的严重程度	无	轻度	中度	重度	极重度	评分
入睡困难	0	1	2	3	4	
维持睡眠困难	0	1	2	3	4	
早醒	0	1	2	3	4	
2. 对你当前睡眠模式的满意度	很满意	满意	一般	不满意	很不满意	
	0	1	2	3	4	
3. 你认为你的睡眠问题在多大程度上干扰了你的日间功能（日间疲劳、注意力、记忆力、情绪、处理工作和日常事务的能力）	没有干扰	轻微干扰	有些	较多	很多	
	0	1	2	3	4	
4. 与其他人相比，你的失眠问题对你的生活质量有多大程度的影响和损害	没有	一点	有些	较多	很多	
	0	1	2	3	4	
5. 你对自己的睡眠有多大的担忧/沮丧	没有	一点	有些	较多	很多	
	0	1	2	3	4	
评分标准及释义：总分范围 0～28 分，0～7 分 = 无临床意义的失眠，8～14 分 = 亚临床失眠（轻度），15～21 分 = 临床失眠（中度），22～28 分 = 临床失眠（重度）					总分	

咨询师讲故事

故事3

同室操戈，谁的错——我的孩子遇到了"坏"室友？

【故事梗概】

　　刚上初中的然然迎来了她的第一次住校生活，虽然不舍得孩子离开家，但是为了获取更好的学习资源，爸妈千叮咛万嘱咐后将然然送到了学校的六人间宿舍。没想到才过一个多星期，然然就开始哭着打电话说想要回家住，并告诉爸妈自己受到了室友的排挤。她哭诉自己每天小心翼翼在寝室里想要讨好室友，但是室友都很冷漠地对待她，每次她一开口，大家就都沉默了，而且有一次她打完水回寝室，在门口就听到了室友在讲她的坏话。然然的情绪大受影响，每天在寝室里坐立难安，成绩也直线下滑。然然爸妈感到非常为难，也联系过学校的生活老师希望可以帮帮女儿，但是老师的介入似乎让然然的处境更加困难。然然爸妈只能不断告诉她，要包容要忍让，实在不行就当室友不存在。但一个多学期过去了，然然的情绪越来越低落，回家过完寒假就再也不愿意去学校了。然然的父母既生气又困惑，万般无奈之下，带着然然去找心理咨询师。

【咨询过程】

在心理咨询的过程中，咨询师和然然一起做了以下三件事情：

首先，咨询师希望了解然然遇到的人际问题的发展过程，以及一些客观的标志性事件，哪些事情的发生让然然觉得自己不受欢迎，被室友排挤，从而和室友的关系越来越有间隙。通过和咨询师的客观回溯，然然发现在一些诸如作息、饮食、消费等日常问题中，然然把和室友不同的地方都认为是一种敌意，带着这种敌意半委屈半报复地与室友相处，不白觉地收集室友就越来越疏远自己的证据，造成自证预言的现象。通过和咨询师的澄清讨论，然然看到

了自己戴着"有色眼镜"去看待和室友的相处，也看到了寝室关系是人际关系中非常特殊的一种类型，学习了该如何去理解近物理距离下的心理距离发展过程。

其次，咨询师和然然讨论了如何看待自我，以及自我价值感、自尊等自我认知的相关议题。然然发现自己非常看重他人对自己的看法，他人一点点的眼光都会让自己坐立难安，自我怀疑，非常担心自己不被喜欢。是否能得到他人的喜爱，是然然全部的自我价值来源，所以当自我价值受损，她就陷入了大量的负面情绪中。其实这些认知特点，也是和然然正处于非常看重同伴关系的青春期有关系，咨询师对此做的解释，让然然对自己的情绪进行了接纳和理解，给予自己更多的心疼和认同。

咨询师在取得然然的信任之后，着重和她探讨了对人际冲突的理解和处理方法。作为独生子女，受父母宠爱长大的然然，很难接受自己和同伴之间有强烈的人际冲突，尤其是同在一个屋檐下无法回避的冲突。当冲突发生时自己又不知道该怎么办，容易用极端的方式去发泄情绪，要么就大发脾气，要么就压抑自己，这些都不利于然然去发展长期的亲密关系。尤其是在青春期这一锻炼发展亲密关系的关键期，学习如何去面对冲突，是然然必修的人生功课，这些和学习任务一样重要。咨询师和然然共同讨论了冲突是什么，以及该如何去处理冲突。

经过咨询中的情绪疏导与自我成长，然然觉得自己已经有信心重新去适应宿舍生活，于是返校开始了正常的学校生活。

【原理分析】

当孩子遇到了人际关系上的困扰时，作为爸爸妈妈，可能第一时间会感到困惑，在爸妈眼里，自己的孩子都是很不错的孩子，怎么会有同伴不喜欢呢，或者下意识地反应是不是孩子做错了什么，是不是孩子显得自私，是不是孩子斤斤计较了，着急忙慌地要求孩子自我反省。更有甚者，父母完全不把这种情况当回事，认为孩子，尤其是初高中的孩子，学习才是他们的第一要务，交不交朋友，和朋友闹矛盾，都不值得孩子花精力去操心这些事，也很不理解为什么人际关系的困扰会带给孩子那么大的困惑，会对孩子说这些都不重要，只要自己成绩好了，就不会缺少朋友。可悲的是，有相当一部分孩子信了爸妈的这番话，掩埋住自己的孤独，忽视掉自己的情绪，直到进入大学，甚至走入社会，才发现生活中缺少亲密的关系是多么重大的损失，而那个时候，关系的建立已经变得更加困难了。

本来关于同伴关系的问题，青春期的孩子就不太愿意向父母倾诉求助，若父母无法共情或提供支持的反馈，也会进一步加深亲子之间的隔阂。值得注意的是，在亲子关系中常与父母发生冲突的孩子，在人际关系上也很难一帆风顺。

就像案例中的然然父母，当听到女儿诉说自己的寝室矛盾时，感到非常为难。作为父母，他们对然然自然是百分之百的喜爱，可当女儿遇到了人际交往难题时，他们却感到束手无策，只好要求然然多对室友示好，包容室友，退一步海阔天空。可这样做后不但没有效果，而且然然变得越来越自卑难过，更加影响了学习成绩，

父母感到着急，直到然然开始拒绝上学，父母才联系了心理咨询师帮助她面对问题。此时，然然对于人际关系的自我效能感已经非常低了，自我评价也很糟糕，对自己消极的认知进一步影响了她去面对寝室冲突的信心。在咨询中也需要咨询师花费大量的时间和她建立相互信任的咨访关系。

发展心理学研究表明，像然然这样处于青春期的孩子，正是同伴关系发展的关键期，也是自我意识觉醒的第二高峰期（第一高峰期为孩子三岁左右，开始有了"我"的概念）。研究表明，在青春期时，同伴关系已经超越亲子关系、师生关系等，成为一个人生命中最看重的关系。这个时候，家长也许会有些失落，因为孩子已经将绝大多数心事首选与朋友来交流，再也不是父母身边的小朋友模样。所以，这个阶段的人际关系问题，能带来很强烈的情绪冲突，如果在初高中经历了被孤立、被欺负等校园霸凌事件，将会给孩子带来一生的创伤。同时，自我意识的觉醒会让孩子有"独特的自我感"和"假想的观众感"两个感受，认为自己是世界上独一无二的，很难有人理解自己，很容易产生强烈的孤独感。也许这在成年人看来，有些为赋新词强说愁，但对于此时的孩子来说，由于其身心发育特点，这种孤独感却是非常真实的。同时，假想的观众感指的是因为自己独一无二，所以感觉很多人都在注视着自己，这会让人产生很多人际关系中本不必要的羞耻感。试想一下在教室里，一个同学迟到了，他会非常羞愧，觉得众目睽睽下大家都在看他的笑话，会好几天都抬不起头，但事实上，没有多少人会记得这件事。这些青春期独有的心理特点，让青春期的孩子也更容易产生人际关系问题。

人是社会性的动物，多年群居生活使得我们天生带有亲社会性，喜欢与人交流亲近，而和谐的群居生活离不开我们对人际冲突的理解和正确的处理。"君子美美与共，和而不同"指的就是我们作为有着独特自我的个体，也能在尊重和理性中面对与我们不同的人，保持恰当的心理距离，运用恰当的手段和方式，将每一次冲突都化危为机。有一句话说的是"会吵架的夫妻才能长久"，其他人际关系也是一样，发生冲突不可避免，如何面对冲突才是我们进一步深入关系的机会，而这些都是宝贵的社会经验，也正是父母可以言传身教给子女的。如果父母在争执时还能保持倾听对方说话，在情绪来临时也能及时发泄，事后积极沟通，这些对孩子来说，无疑是宝贵的人际相处经验。

本案例中的然然，正处于青春期，因缺乏一定客观的自我认知和处理冲突的社会经验，才会在面对寝室矛盾时自怨自艾，陷入恶性循环，从而回避问题，想要逃避现实，而经过这次寝室生活事件，然然也进一步树立了人际相处的信心，积累了更多的成长经验。

【咨询师的建议】

1. 帮助孩子树立良好的生活习惯，应对寝室生活中的相处规则

如果孩子是第一次住校，家长要充分理解寝室关系对孩子会是一次人际交往的挑战。有很多孩子其实并不懂得如何进行群居生活，比如厕所突然要排队，睡觉时还有人在打电话，想要看看书却总有别人找你说话，等等。在住校之前，家长可以与孩子充分沟通

寝室生活的点滴，作为孩子群居生活的第一批室友，家长在日常生活中可以以身作则，做到同一屋檐下生活的尊重边界、理解对方和真诚交流，让孩子即使在家庭生活中也能树立良好的生活习惯，在进入寝室生活后不会感到非常不适应，从而有遇到了"坏"室友的感受。

2. 帮助孩子塑造坚实的自我信念，使其成为孩子在同伴关系中的能量源泉

家长需明白，任何一段社会关系中，作为关系中的一方都只能做好自己可以做的事，而无法对这段关系做出决定，可能这也是然然父母感到为难的地方，他们只能要求女儿，无法要求女儿的室友。这既是关系维护中的困难之处，也是家长可以发力的地方。不管遇到什么样的室友、朋友或他人，只要我们的孩子保持坚实的自我信念，对自己有自信，在关系相处中是真诚的，那就足够了。心理学有个研究表明，人们最喜欢的朋友品质中，真诚是排在第一位的。毕竟，我们每个人都会有人喜欢，也有人不喜欢，为了一些不喜欢的人而全盘否认自己，那是我们的绝对化负面信念，而并非客观事实。作为孩子成长道路上最重要的人，父母给予孩子充分的信任和理解，是他们踏入社会的能量源泉。

3. 合理应对关系冲突议题，做孩子在寝室关系中的好榜样

每一个孩子在走入自己的社会关系之前，是以在家庭中塑造的自我为基础的。寝室关系作为人际关系中非常特殊的一种类型，对孩子的自我信念建构具有挑战性，在抬头不见低头见的生活环境

中，非常容易引起冲突，这些小摩擦是否会引发大矛盾，和孩子如何面对和处理关系冲突密切相关。家长们想一想，在和孩子发生冲突时，你们是如何处理的呢，是生气地让孩子回房间，还是在情绪平复后开一个家庭会议呢？很多家长很难面对和孩子的关系冲突，会觉得孩子长大了，叛逆得不听话了。如果我们想一想这正是孩子在社会化的过程，这是他们在家里练习发出自己的声音，迎接关系的碰撞，感受关系冲突的情绪，以及学习如何面对有冲突的关系，那面对"叛逆"的孩子，不妨试一试和他去讨论我们该如何面对冲突吧，让求同存异、互相理解成为你们"室友"之间的主旋律吧。

（作者：刘晨）

咨询师讲故事

故事 4

追星的孩子，家长应该如何去陪伴？

【故事梗概】

高二女孩小云喜欢男明星 Y 有一年多的时间了，她的房间里到处都张贴着 Y 的海报，休息的时候也总是听 Y 的歌曲，对 Y 的各种事情如数家珍。父母虽然有点担心，但是看到小云把学习和生活还平衡得不错，就没有去干预她追星。

最近两三个月，小云经常以"生活费不够""要买学习资料""给同学送生日礼物"等借口找父母要钱。即使每个月的日常开销比以往多出了三四百，小云还经常说钱不够用。

小云的学习成绩也有明显下降。班主任说小云上课精神不佳，请家长留意她的睡眠情况。妈妈在凌晨去查看小云的睡眠时，发现她还在悄悄用手机，妈妈一气之下夺过手机，看到小云正用手机在评论区谩骂和攻击别人。

小云解释道："有人诋毁 Y，所以我才匿名在网上骂回去。"小云平时是个礼貌文雅的孩子，她居然能写出恶毒的话语去辱骂别人，妈妈对此感到非常震惊和担忧。

爸妈和小云谈起她最近的情况，她承认手机使用时间增加的原因，主要是帮 Y 刷流量、点赞、转发 Y 的各种正面信息，去还击各种对 Y 的负面评价。此外，增加的消费也是去购买了 Y 的影集、专辑和代言产品。

爸妈觉得小云这样追星非常影响学习和生活，要求小云在高中阶段不许为追星多花精力和金钱。他们采取的措施是晚上入睡前没收小云的手机，控制她的生活费。小云对爸妈这样的做法很不满，觉得父母专制且不理解自己，她采取的还击方式是不和爸妈说话，并以节约餐费的方式来攒钱追星。

小云对父母的控制很生气，学业的下降也让她感到挫败。她经常情绪低落，学习效率也变得更差了。

【咨询过程】

在家中亲戚的建议下，征得小云同意后，父母把她带到了心理咨询室。咨询师在咨询过程中，了解了小云的追星历程。

高一时，小云很不适应高中巨大的学业压力，觉得每天的生活非常枯燥。有一次，小云偶尔听到了 Y 的歌，就立刻被 Y 的嗓音和外形吸引，她觉得 Y 给她单调的生活带来了清新的气息。每天听几首 Y 的歌，看一下 Y 的照片或视频，对小云而言是很好的放松。

随着小云对 Y 了解的增加，她更被 Y 顽强的毅力打动。小云性格比较内向，在高一的新环境里还没有特别好的朋友，Y 的歌声和拼搏精神帮助她顺利地度过了高一，并在期末取得了不错

的成绩。

　　进入高二后，班上有个同样喜欢 Y 的女孩子发现了小云也在追星，就热情地把小云拉入了她所在的粉丝群。她们两个变成了无话不谈的朋友，除了谈论 Y，她们还发现彼此有很多共同的话题。小云因为喜欢 Y 而有了不少新的朋友，她在粉丝群里也找到了团体的归属感。她们一起分享 Y 的大小事情，帮 Y 打榜、刷流量……在团体的氛围里，小云花费了更多的精力和金钱在追星上，同时，她的情绪也很容易受到团体的影响而被放大，比如用恶毒的言语攻击说 Y 坏话的人。

　　经过几次咨询，在咨询师的帮助下，小云更加全面清晰地看到了追星带给自己的影响。追星的确带给她很多积极的影响：比如追星使她枯燥的生活得到难得的放松，给予她激励自己克服困难的力量，Y 的各种优良品质值得她学习，也因此结交了朋友……同时，追星也带来负面的影响，小云加入粉丝团体后，虽然很有归属感，但是也容易被裹挟着去做事情，比如：要完成为偶像在各个平台投票、刷票、评论的任务；看到对偶像的负面评价要加入"骂战"；被鼓励去消费偶像代言的产品以帮助偶像扩大影响力……通过和咨询师讨论，小云看到了自己被裹挟的原因有平台和明星经纪公司等环节的操纵，有群体情绪的相互影响，还有她渴望被团体接纳和认可的需求……此后，小云在为偶像做事情时，变得更加理性一些了。

几次咨询后，小云的情绪平稳了很多，她对如何追星和如何平衡好自己的学习、生活与社交有了一些新的感受，并把这些体会带到了学习和生活中，学习成绩慢慢回升，生活安排也更有条理。她觉得自己追星的历程和对这个历程的梳理与反思，让自己获得了宝贵的成长经验。

【原理分析】

追星，又叫偶像崇拜，这种现象在青少年阶段是非常普遍的。很多家长不理解为什么孩子会追星，甚至会为此做出疯狂的事情。青少年追星的原因主要有以下几点：

第一，追星与青少年自我的认同感有关。追星是青少年探索自我和寻找生活目标的途径之一。

青少年时期，是孩子从童年走向成人的过渡阶段。青少年会面

临巨大的身心变化，他们开始探索自身，并确立自己的生活目标。"我是谁？""我与别人有什么不同？""我要成为一个什么样的人？"这些是困扰着他们的重要议题。

通过喜欢不同的明星，表达出不同的态度和倾向，是青少年表达自我独特性的一种有效方式。明星在某种程度上也给他们提供了一个参照，他们会因此发现自己喜欢的品质，例如：健康、阳光、善良、坚毅、温和、儒雅、自律……也许这正是他们想要具备的品质，想要成为的人。

同时，青少年正处于人生中需要付出努力和快速成长的阶段。他们的内心深处有着成长的压力和对未来的期待。明星付出的努力和成功，可以作为青少年前进的榜样和力量，这常常也是明星吸引青少年的地方。如同本案例中的小云，偶像 Y 在经历困难时的拼搏精神吸引了她，也鼓励她渡过了学习上的难关。

从某种程度上说，青少年追星追的是更好的自己。

第二，追星与青少年对同伴关系和社会关系的需求有关。追星可以帮助青少年获得更多关系里的归属感。

随着孩子的成长，他们受家庭的影响在逐渐变小，受同龄人和社会的影响越来越大。青少年很重视同龄人和团体对自己的接纳与认可。以前在同伴团体中地位较高的青少年会希望进一步巩固和提升自己的地位；以前在同龄人中没有过良好地位的青少年，随着自我意识的发展和自尊心的需要，会更加渴望获得同伴和团体的接纳和认可。

喜欢一个明星，就和不少同龄人有了共同的话题。以"喜欢同一个明星"做纽带，可以让青少年属于某个他觉得志同道合的团体，并容易获得团体的接纳。

追星的同时，青少年也在追寻着被同龄人接纳和认可的自己。

第三，追星与青少年的生理发育有关。生理逐渐成熟的青少年很容易被外形美好的明星吸引。

青少年阶段，随着身体飞速发育并走向成熟，孩子们的外貌和身材也逐渐脱离儿童的稚气而慢慢变得更像成人。青少年们开始强烈地关注自己的外貌与气质，关注别人对自己的评价。他们可能会通过喜欢和模仿同性的明星来提升自己的气质形象；他们会对异性有兴趣，容易去喜欢和崇拜形象美好的异性明星。这些都呼应了他们日渐成熟的身心发展需求。

青少年追星追的是更具备异性吸引力的自我形象，和心目中的理想异性。

第四，追星与青少年所处的环境有关。追星可以帮助青少年缓解学业的压力和生活的枯燥。

在我国，青少年所处的环境充满了竞争和压力。中学生日常面临着巨大的升学压力、繁重的学业、竞争激烈的氛围和极少的课外活动，很多学生都有被压得喘不过气的感觉。

明星有好听的歌曲和美好的形象，会带给青少年们精神上的放松与愉悦。通过追星所产生的喜怒哀乐可以让青少年压抑的情感得到一些宣泄。适度的追星甚至可以提高他们的学习效率和改善他们的精神面貌。如同本案例中的小云，听 Y 的歌曲对她是很好的放松方式，Y 能带给她快乐。

青少年追星追求的也是本该属于他们这个年龄的生活与情感的丰富色彩。

除了上面提到的四个主要且普遍的原因，青少年追星还与一些因素有关，比如：移动互联网时代的"粉丝文化"，家庭关系的变化……

相信通过以上对青少年追星原因的分析，家长们能明白追星是符合青少年身心发展状态规律的，在面对追星这件事上能更多地理解孩子。

在本案例中，小云从咨询师那里获得了充分的尊重与理解，这给了她一个空间去全面思考追星对她的意义与影响，让她可以更加理智和成熟地追星，并从中获得成长。

【咨询师的建议】

对于青少年追星，有的家长出于亲子关系的考虑而一味支持，满足孩子的一切需求；有的家长严格管教，导致家庭矛盾激化，亲子关系受损；有的家长无奈之下选择放任，但是孩子却管理不好自己……

当孩子追星的时候，家长们该如何去陪伴孩子呢，咨询师有这样一些建议。

1. 认识到青少年追星是正常的现象，去理解孩子

追星满足着孩子多方面的需要，对他们的身心健康发展有着积极的作用。

面对孩子的追星，父母的第一步就是视其为"正常"，这样就不会因为感觉"异常"而过于焦虑，更不会立刻粗暴干预。

我们可以静下心来回顾一下：在自己的青少年时期，有没有喜欢的明星，我们当时的感受是……这样的回顾会帮助我们去理解这

个年龄阶段的孩子。

我们可以对孩子说："青少年喜欢明星太正常了，我当年也喜欢明星，他的专辑我也会买，每一首歌我都会唱……"这样的开场白，会让孩子感觉到被理解和接纳，会减少孩子对父母的抵触。

2. 带着好奇，去倾听孩子喜欢这个明星的原因

孩子为什么会喜欢这个明星而不是别人？这个问题的答案里有很多孩子主观世界的信息：他的价值观，他的喜好，他重视的品质……我们和孩子讨论他喜欢的明星，是一个去了解孩子的非常好的途径。利用这个好机会，放下我们的焦虑和评判，带着一颗"好奇心"心去认真倾听孩子的真实想法。

我们把自己从"试图指导孩子的家长"角色变成"孩子的朋友"。与孩子的关系越平等，沟通就会越顺畅。

父母可以先讲讲自己当年的追星经历，这会拉近父母和孩子的距离。当孩子感受到父母的态度是平等且真诚的，他们更容易打开话匣子。当孩子开始分享时，父母要认真地去倾听孩子对偶像的感受，以及偶像带给孩子的影响。父母可以着重去肯定那些正面积极的品质和影响，例如："他生病了都坚持排练，真是个敬业的艺人。""好像你喜欢这个偶像后，穿衣的品位是提高了不少啊！"这也是在用积极关注的方式，帮助孩子从追星这个事情上获取更多积极的意义。

3. 深入了解孩子的偶像，并引导孩子更全面地看待偶像

如果想更好地引导孩子，家长需要先充分了解孩子的偶像。可

以请孩子推荐偶像作品中他最喜欢的部分，还可以去网上查询孩子偶像的各种信息……在深入了解后，家长再和孩子去分享感受，并和孩子讨论他对偶像的认识。

如果孩子对偶像的评价很客观，能够比较全面地看待偶像的优点和不足，能够发现偶像内在的优秀品质，那么说明孩子对偶像是比较成熟的喜爱。

如果孩子对偶像的喜欢还只停留在外形上，比较肤浅，家长就可以帮助孩子看到这个偶像更加优秀的地方。如果孩子的心目中偶像是"完美的"，家长可以和他讨论"人无完人"，让孩子更加全面地看待偶像。

当孩子不把偶像当作完美的神来崇拜，而看到偶像是有优点和不足的人，就会减少对偶像不理性的迷恋，还可以帮助孩子从偶像这个人的奋斗和成长中获得更多的养分。

4. 引导孩子去平衡追星的精力和金钱分配

孩子追星常面临这样一些情况：他们购买偶像代言的物品，并不是自己真正喜欢这个物品，而是觉得自己购买后偶像会获益；孩子耽搁学习去给偶像点赞、刷流量，他们觉得这是在帮助偶像……在这些情况下，他们关注的重点是偶像，而不是自己。此时可以引导孩子去思考：如何成为更好的自己？除了学习偶像的优秀之处，是否也应该平衡好自己的学业和生活？自己的长、中、短期目标是什么？如何既追星，又不妨碍实现自己的人生目标？这可以帮助孩子把追星的重点，从关注明星，部分地转移到关注自己上。

家长要避免用强硬的方式给孩子规定他该如何分配追星的精力

和金钱，最好是引导孩子对以上问题进行思考，由孩子得出方案。这会增加孩子的独立思考能力和自我效能感，在未来孩子也更容易主动去实施方案。

5. 完善与巩固

孩子制订的方案通常不太完善，家长要留意孩子的实施效果，并陪伴他在实践中去调整。

家长要着重关注孩子做得好的部分，并多夸奖和鼓励。例如："周六晚上虽然你可以自由地使用手机去支持偶像，但你却还能够在十一点以前放下手机，这很不容易，妈妈感觉到了你的自律。""这个月你没有多要生活费，好像你把金钱的分配平衡得更好了，可以告诉我你是怎么做到的吗？"这样细致地肯定，会不断帮助孩子提高自信心和自我管理能力。

对于孩子做得不足的地方，家长可以说："我观察到……不知道你有怎样的考虑？"多去倾听孩子的想法，帮他们做管理自己的主人。

通过这五步能增加家长对孩子的理解，亲子关系也得到了加强。父母没有把自己当成一个权威的家长去命令孩子，而是作为朋友和支持者在陪伴他们探索与实践，让孩子通过追星获得成长。

如果追星已经严重影响了孩子的学业、生活、社交和身心健康，且通过家长的努力和孩子的自我调整没有明显改善，就需要及时寻求心理咨询的支持。如果孩子伴随着抑郁、焦虑、失眠等不良的生理、心理反应且难以改善，则还需要寻求精神科专业人士帮助。

（作者：陈彬）

咨询师讲故事

故事 5

考试不及格，电子游戏是"元凶"吗？

【故事梗概】

　　刚放寒假没几天，大二男生小曾的妈妈李女士就接到孩子辅导员打来的电话，告知小曾本学期两门功课不及格。李女士是某重点中学的校长，当时她正忙着学校的事儿，一听儿子考试不及格，气不打一处来，立刻主观地认为，这孩子从小爱玩电脑游戏，肯定又是整天在学校玩游戏耽误了学习。

　　在接下来的假期里，妈妈要求小曾必须严格按照她制定的作息时间表来学习，一来可以戒掉小曾的"游戏瘾"，二来帮他迎接开学后的补考。于是，除了少有的几次家庭聚会以及和同学见面外，从不对母亲说"不"的小曾几乎整个假期都在家里补习功课，但收效甚微，小曾补考还是没有通过。开学后，焦急的妈妈每天三次电话告诫小曾玩游戏有多害人，反复叮嘱千万不要再玩游戏了。很少给小曾打电话的父亲也会时不时地提醒他以学业为重，别被游戏耽误了，小曾因此感到很是苦恼。

【咨询过程】

　　小曾在辅导员的推荐下，来到了心理咨询中心。在小曾的咨询过程中，咨询师了解到，大一时，小曾积极参加班级活动，按时上下课、写作业，闲暇时也和以前的同学或室友一起玩几把游戏，学习、考试一切还好。到了大二，小曾因为忙着准备出国，花了很多时间去参加校外的英语培训，同时专业课程难度的提高让小曾感到学习有些吃力。由于各种原因，相恋一年多的女友也在此时提出了分手。多重压力下小曾只能靠玩游戏排解情绪，导致无法完成学业。在咨询师的帮助下，小曾意识到自己的困难是时间分配及情绪管理上出了问题，经过几次咨询，小曾慢慢走出了失恋的困扰，

也能积极回归校园正常生活，合理安排学习外语与专业课的时间，落下的功课也一点点补起来了。

【原理分析】

当家长发现孩子学习成绩下降时，往往希望能找到一个根本原因，以为把这个影响成绩的根本原因找到后，解决它，孩子的成绩就能赶上来。打网络游戏经常是家长们找到的影响学习的罪魁祸首。其中的逻辑是玩游戏需要占用很多时间，学习的时间就少了，学习成绩是靠时间积累出来的。有些家长还特别坚信，"我"的孩子"我"了解，他就是游戏玩多了。

本案例中的小曾在大学一年级的时候也玩游戏，他通过游戏放松，与同学交往，好像成绩没受到太多的影响。到了大二，他还是照原样生活与学习，学习成绩出现了预警。妈妈给出了一个解释：游戏影响了成绩。全家按照这个逻辑分析，给出了一个解决方案——不碰游戏，增加学习的时间，实行了一个假期，效果却不明显。家长也没有对这个结果进一步分析，仍然一味地提醒孩子不要玩游戏。其实作为学习主体的小曾心里也许很困惑——已经很少打游戏了，为什么成绩还是上不来？也许他在心里会想，是不是选错了专业，是不是不适合大学生活？这个结果一定不是家长想要看到的。

通过咨询，小曾发现这次学业失利是时间管理问题带来的，加上失恋这种挫折给小曾带来了严重的情绪困扰，他无心学习，也无力学习，"何以解忧，唯有游戏"，于是情绪越是烦躁，游戏时间就越长，学习就越无力。因此，当小曾没有找到更多合适的途径帮助自己排解苦闷、排除困难时，即使不玩游戏，也是无法专心学习的，因为不良情绪在作怪。

也许家长们也已经意识到，其实学习过程是一个情绪管理过程，但是在我国的文化环境下，情绪管理的路径多是压抑的。我们发现在学习、生活或情感中遇到困难的学生常常不善于表达自己的情绪情感，会把苦闷藏在心里。在这时，游戏就特别容易成为一个他们暂时回避痛苦、寻求安慰的"温暖港湾"，在游戏里他们不用担心被要求、被对比、被评价，游戏的互动性会部分满足他们的交往需求，游戏的即时反馈会满足他们的成就需要。从这些角度来看，游戏成了孩子的一种陪伴。如果家长能在这个时候成为一种陪伴，结果会是什么样的呢？

也许有的家长不明白，为什么恋爱失利会对孩子有这么大的影响，这个问题本书会有专门的案例论述。在这个案例中，我先做一点科普。在大学校园里，学子们的自信心主要来源于学业、科研、竞赛、社团工作，还有一个重要的来源就是亲密关系，特别是恋爱关系。对有些孩子来说，如果对方不爱自己了，就会把自己全盘否定，会对他们的自信心产生巨大的打击。

在本案例中，小曾同时遭遇的学业和恋爱双重挫折，一方面给小曾带来了极大的痛苦体验和挫败感，打击他的自信心；另一方面促使他去重新思考自己真正想要的是什么，在当下需要完成的任务是什么，是要在出国语言考试上取得优异成绩，还是确保学校的课程考试能顺利通过。这些都是学生成长的重大议题，也是带给他们巨大压力的原因。

【咨询师的建议】

1. 理解玩游戏与学习成绩的复杂关系

关于玩游戏与学习成绩的关系，好像家长都特别容易把两者对立起来，或者认为必然是前因后果的关系，但实际上并不一定是这样。

的确，玩游戏非常容易对青少年的学习成绩产生重要影响。我想，家长所担心的其实不是孩子玩游戏本身，而是孩子的学习成绩下降。如果恰好自家孩子喜欢玩游戏，每当看到成绩下降时，家长就像案例中的小曾妈妈一样，就很容易归因于游戏，误以为肯定是打游戏导致的成绩下滑。事实上，影响大学生学习成绩的因素有很多，课程的难度、对大学生活的适应情况、人际关系状况、当下遇到的挫折、长期的情绪状态、时间管理能力和自律性等，其中任何一个方面，或几个方面的共同作用，都可能导致学习成绩不佳或下降。

在大学里，也有很多成绩很好的学生玩游戏，或者说也很喜欢玩游戏，但他们往往是在学习之余去玩，有时候还会约上三五好友共同玩，通过游戏互动和交流，既获得了放松也维持了朋友之间的关系。同时，大学里也有一些玩游戏、成绩不太好的学生，甚至有的学生还挂科、降级等。但正如前面所讲，成绩不好不一定就是玩游戏导致的，有可能是学生不善于时间管理，也有可能是自律性不够等因素导致的。

所以，玩游戏与学习成绩差之间并不一定是必然的前因后果关系，当看到孩子学习成绩不佳或下降时，家长需要具体问题具体分析，找准原因，"对症下药"才能真正帮到孩子。

2. 学会陪伴处在困难中的他们

大学生也是学生，虽然从年龄上看他们好像长大了，但其实他们也才刚刚脱离父母的"怀抱"，处于独立与半独立阶段，很多时候仍然需要父母情感上的陪伴和支持。

孩子们进入大学后，在学业、人际、社会实践、环境适应等方面都可能会遇到挫折和困难。比如，他们可能会感到某门课程真的太难了，上课怎么认真听都听不懂，课后复习效果也很不理想，一方面他们想要自己学习成绩好，另一方面学习这门课程又真的很吃力，一时半会儿又没有找到好的学习方法，情绪上就会体验到难受、痛苦。由于游戏本身的易获得性和便利性，再加上许多游戏设计的趣味性等，很容易让大学生们选择游戏来陪伴自己，以暂时回避掉这些痛苦。

当孩子们遇到困难、挫折，感到难受痛苦的时候，家长需要去理解他们的这些困难——他们确实累了，心情很糟糕。因此，他们需要借助游戏来暂时回避一下。这时，允许和接纳孩子采用游戏来暂时应对失败体验，就是家长对孩子最好的理解和支持。让孩子能感受到：父母和游戏不是一对矛盾体，父母和游戏一起在共同陪伴着正处于困难中的自己。那么，孩子也会较快地度过这一段挫折期，回到正常的学习生活轨道上来。

3. 区分爱玩游戏和"游戏成瘾"，必要时求助于专业机构和人员

当然，游戏积极功能的发挥，要以它适时适度的使用为前提。

我想，家长们最为担心的除了孩子学习成绩下降外，还有孩子会不会"游戏成瘾"。可能是因为家长对"游戏成瘾"或者"网瘾"还不太了解，所以当我们的孩子表现出对游戏有比较浓厚的兴趣，或者把游戏作为自己暂时的"避风港"时，就会开始担心他们是不是"游戏成瘾"了。

关于"游戏成瘾"，目前医学界尚未有非常明确的诊断，即使严格按照《精神障碍诊断与统计手册（第5版）》"网络游戏障碍"的标准，真正可以诊断为网络游戏障碍的孩子其实并不多，有跨文化的研究发现，这个比例仅为 0.3% ~ 1.0%。这就提醒家长，不要轻易给孩子贴上"游戏成瘾"的标签。当然，如果发现孩子确实有诸多"游戏成瘾"的表现，比如他较长一段时间都沉溺于游戏中，不按时吃饭和睡觉，不和现实中的任何人交流，不上课、不写作业，一离开游戏就变得烦躁易怒、焦虑不安等，我建议家长一定要及时带孩子去寻求精神科医生和心理治疗师的专业帮助。

（作者：刘红梅）

【测一测】

《精神障碍诊断与统计手册（第5版）》
"网络游戏障碍"的诊断标准

在过去 12 个月中，持续、反复地使用网络游戏，常与其他游戏者一起游戏，导致临床显著的损害或困扰，达到以下项目中的至少 5 项，就可能有"网络游戏障碍"。

1. 过度沉溺：全神贯注于网络游戏（回想以前的游戏，或期望另一个游戏，网络游戏成为日常生活主要活动）；

2. 当不能玩游戏时出现戒断症状（通常表现为烦躁易怒、焦虑和悲伤，但没有药物戒断的躯体症状）；

3. 耐受性——需要不断增加玩游戏的时间；

4. 试图控制自己玩网络游戏但不成功；

5. 除网络游戏外，失去以前的兴趣爱好或人际互动；

6. 尽管知道自己的心理社会问题，仍然过度使用网络游戏；

7. 对家人或其他有关的人谎报玩游戏的时间和费用；

8. 用玩网络游戏来避免或缓解不良情绪（如无聊、内疚、焦虑）；

9. 因为玩网络游戏损害或丧失了重要的人际关系和工作，或失去教育与就业的机会。

咨询师讲故事

故事 6

不能加的分，是孩子被老师"为难"了吗？

【故事梗概】

大四的小田在父母眼里是出类拔萃的。上大学以来，学习成绩一直名列前茅，保研是他势在必得的学业目标。前几天小田又给父母传去喜讯——刚刚获得一项竞赛金奖，加上这个奖励分，保研学分排名就非常确定了。小田父母非常引以为傲，然而突然有一天，这种幸福安宁的生活却被小田的一个哭诉电话打破了。原来，小田拿了金奖后，兴冲冲找到老师，递交申请加分材料后，学工办老师却告诉小田，这个分不能补加，因为小田这个奖的等级虽然很高，但获奖日期不在评审奖学金的加分时限内，所以不能作为本年度国家奖学金评审的加分项。小田看到唾手可得的"国奖"将失之交臂，自然不甘心，坚持要加分。老师却坚决地拒绝了小田的要求。小田被激怒了，指责老师态度恶劣，处事不公，不加分就是有意为难自己，因此与老师争执起来。后来，经其他老师调解，小田也平静下来，不再坚持加分。第二天，小田还特意去给老师道了歉，说自己当时情绪失控，说了不该说的话。

没承想，第三天，学工办负责加分的老师接到了小田父母的电话，电话中，他们情绪激动，说小田经过这次争执后，心理受到很严重的冲击，既愤愤不平，更是恐惧担心，怕老师对自己产生报复心理，会在保研事情上"刁难"自己。小田第二天的道歉，就是因为非常担心会因此事导致保研不成才委曲求全做的。父母说小田这三天来寝食难安，情绪崩溃。父母觉得小田的担心不无道理，觉得那个态度差的老师肯定会记恨小田，用手段报复小田。小田妈妈亲自来学校找学工办负责的老师谈，通过谈话，他们觉得负责加分的老师话中有话，更是确定报复之事必将发生。所以，小田妈妈和小田一致要求学院必须承诺保证小田的保研。否则，就要逐级上告，

告到学院领导，乃至告到校长那里，也在所不惜。学工办负责的老师和主管老师等多人与其沟通无果，小田妈妈情绪激动，小田更是忧心忡忡，心理负担很重。因此，学院除了安排领导为其详细解释"国奖"加分规则和评审流程、保研规则和评审流程外，还建议小田和妈妈来到心理咨询室。

【咨询过程】

在咨询室，咨询师与小田和妈妈进行了细致的沟通交流。

首先，咨询师引导小田和妈妈叙述事情经过，对他们在事件中的不满、担心等复杂情绪和变化发展的想法都予以理解共情，咨询师反馈说："遭遇重大事情的不顺心，有情绪也是正常的。"咨询师对他们情绪背后的种种想法做了细致的复述和求证，让小田和妈妈感到了一丝理解和支持，他们情绪也缓和了许多。

然后，咨询师分别对小田和小田妈妈的行动和想法做了积极肯定。咨询师对小田说："在顶尖大学学习名列前茅，获金奖，这不是一般人能做到的，也不是轻而易举就能做到的，说明小田是一个意志力顽强的人。小田不仅刻苦学习，还能及时去加分登记，这说明他具备非常好的现实能力。在加分不成时，也会勇敢地为自己的利益去据理力争，也是自我照料的行动。更在争执之后，考虑到人际损伤，克服内心委屈，道歉补救，这是重要的社会化成熟行为。之后，仍然会担心人际安全，这也说明小田对社会复杂的了解，是综合能力发展不错的状态。在自己无措时，能向父母哭诉，积极求助父母，说明小田与父母关系是紧密的，家庭很团结。"咨询师又对小田妈妈说："小田父母对儿子学业不但要求高，同时关心细致，是小田积极向上的动力源泉。小田父母对儿子的心理波动很关心，这也是负责且有智慧的教育能力。小田妈妈放下工作，来学校陪伴儿子解决问题，给了小田切实的爱和力量。当然，看上去，妈妈在对学院要保证这个问题上，有一些值得商榷的地方，可是以保障孩子保研为核心目标，做事务实有重点，也是可圈可点的。"当咨询师对小田和小田妈妈做了积极肯定和接纳认同的表述后，小田和小田妈妈倒有点不好意思了，感觉这次事情处理得也有不妥之处，与咨询师关系也更加融洽了。

接着，咨询师请小田和小田妈妈都说一说，这次经历中，对老师不信任，担心报复和刁难的心理是怎样产生的？在其他时候是否也会经常产生这种担心？小田说，自己在大学，虽然学习好，但在人际交往上是不自信的。所以，平常也很少和学工办老师接触，不熟。刚上大学时，觉得只要学习好，其他的不重要。但是，后来发现在评奖学金、科研竞赛以及学分排名上，总有成绩不如自己好的同学，因为和学工办老师熟，机会多，莫名其妙的加分多。因此小田觉得自己的成绩好并不占绝对的优势，心理上也产生了对老师的不信任，认为老师并不那么公正。那天自己兴冲冲去加分，被老师冷脸拒绝，情绪一下子就爆发了，而且情绪激动后，思维就很固执。小田还说，其实，从小到大，父母总是教育自己人心叵测，凡事多个心眼，别太相信人。遇事要强势一点，才可以不被欺负。这次自己就是抱着这样的想法。在听了学院老师和领导的耐心解释，感受到他们对自己和妈妈始终以礼相待的态度后，小田也觉得自己处处防御，有点杯弓蛇影了。但小田妈妈坚持自己的人生经验不会

错，所以还是担心老师会记恨和刁难儿子，只有保研结果下来才能放心。

最后，咨询师又与小田讨论了"有同学莫名其妙加分"的具体情况及加分规则，让小田明白了他是在仅凭自己的主观经验推测事情，是一种歪曲的认知，而这个歪曲的认知又是如何进一步影响他与老师争执等行为的。咨询师在小田有所醒悟时，引导他和妈妈思考，他们是否有用自己经历的一些不公平的生活经历，推论所有人都是害人的？这个逻辑是不是客观？也问询了他们人生经历中例外的情况，问他们怎么理解一些被公正友好对待的经验。这些问题，让母子两人有所思考。接着咨询师给他们讲解了想法对情绪和行为的影响理论，讲述了一个人把从个别经历中总结出来的经验，推理到所有的事件中去的心理活动规律，就会产生以偏概全的认知活动，尤其是负面感受，会伤害到个体自我心理健康和社交等社会功能方面。

通过咨询，小田的担心和焦虑缓解了许多，开始对自我认知、人际能力提升产生了继续咨询的意愿。小田妈妈虽然并没有明确放下被害担心，但情绪也平稳了很多，表示也许自己误解了老师。

【原理分析】

当孩子在学校遭遇挫折事件，尤其是情绪波动大的时候，父母总是护犊心切，自身也没法冷静下来，这样与孩子情绪相互刺激，双方都有高的负面情绪，在认知上容易不够客观。不仅如此，这种不合理的认知还容易激发父母人生创伤经验，造成行为的无效而极端。

这个个案之所以通过咨询能够解决，是因为咨询师相信每个人都有着积极向上、自我愈合的能力。每个人都是解决自己问题的专家。当当事人不能很好地解决所遇到的困难时，有可能是情绪的强度影响了对解决问题的思考，咨询师此时的工作重点是释放当事人的压力情绪。缓解压力情绪的一方面是释放负面情绪，另一方面是提升当事人的自我效能感，提升当事人解决问题的掌握感。在咨询中，咨询师真诚耐心地倾听，理解当事人的情绪（共情），给予其情绪宣泄的时间和空间，尊重他们，发现当事人在这个事件中的优点（积极关注），肯定小田和父母的能力，以提高小田和妈妈的自尊感，提升他们的自我接纳能力，让他们感觉到自己是有力量的，是安全的。这样就能够让情绪平稳下来，当情绪平稳后，思维活动会变得灵活丰富，使他们的自我觉察和思维认知有所改变，最终情绪平稳，行为合理。

【咨询师的建议】

1. 提升自我认同，不断完善自我，做心理健康的父母

自信是一个人最重要的力量，一个自信的人，不会遇事不冷静，更不会轻易有"被害"的恐惧、"被欺负"的自尊受伤感。自信，其实更多的是要自我认同，觉得自己还不错，觉得自己总有办法解决困难，这样内心就会遇事稳定。

培养出从小学到大学都名列前茅的孩子的父母是可以相信自己能力的，相信自己可以解决更多困难，让自己冷静下来。在此基础上，父母也要知道，孩子越来越优秀，他所处的平台与自己的不一

样，就不能完全用自己的生活境遇和情况来评判他遭遇的人和事。至少多一点思考：我儿子真的是和我们一样，周边都是"坏人"吗？父母保持情绪平稳，才能处事得当。

父母是孩子最重要的心理力量源泉。要陪伴孩子顺利成长，排除万难，父母需要和孩子一起成长，活到老学到老，了解自己，认识自我，也该不断发现自己的心理问题，改善认知观念，提高自我认同，不断完善自我，保持心理健康，才能在孩子需要你的时候，给予有效帮助。陪伴一个学业优秀的孩子，更需要父母注重自身的心理健康。

2. 学习化解大学生孩子挫折情绪的技能，陪伴孩子独立应对挫折

大学是孩子走向独立生活前的最后一站，不仅在生活能力上要独当一面，更要在人格上与父母分离，独立自主，按照自己的认知去应对事情。一些父母习惯了为孩子代办生活、社交，这让一些大学生面对自己的生活和社会人际等事务时会手足无措，不自信，产生一大堆社会人际问题，从而导致心理出现问题。

大学阶段，孩子遭遇任何挫折都不是坏事，都是他全面发展的机会。父母要做的不是代办，而是陪伴。那么，这个时段的父母，一定要在不断完善自我、保持自我心理健康的同时，学习陪伴孩子的常用心理技能。任何一个人无论是高兴还是沮丧，他的情绪像一床棉被子一样，覆盖在他复杂的心理活动之上，作为父母都要学会如何稳定孩子的情绪。情绪管理最有效的方法，就是共情。共情也称同理心，简单地说，就是倾听理解，支持他当时的想法，

接纳他当时的情绪反应。关于情绪管理有很多的书籍，这里就不赘述了。

当孩子情绪平稳下来，他就会发挥自己强大的思维能力，他最了解自己环境中的人和事，他会更多角度思考应对事务的利弊，这时候父母只要做到倾听他的方案，讨论需要完善的部分即可。当得出一个考虑周全的方案后，让孩子自己去处理，这样既可以提高孩子的自信心，也可以避免贸然破坏他的社会环境。让孩子在父母陪伴而不是包办、代办的情况下，逐渐变得独立成熟。

3. 善于使用心理咨询与辅导中心，促进孩子心理健康成长

我国社会文明水平不断提高，社会福利机制日益完善，大学都建有心理健康教育及咨询辅导机构，为在校大学生提供免费的专业帮助。大学的心理机构为广大同学提供心理成长辅导、心理问题咨询，以及心理疾患的支持性辅导等多层次的服务。一些父母和学生对学校心理健康机构不仅有着"有心理疾病才去心理中心"的片面认识，更有着"得心理疾病很不光彩"的错误认识，所以对去心理中心求助，解惑答疑，处理负面情绪和心理困扰，避讳、忌惮。对于这种情况，希望家长朋友们一定要与时俱进，消除对心理问题的不客观认知，引导孩子养成对心理健康服务的正确认识。不但父母自己有困扰要积极求助心理卫生机构，更应该鼓励孩子有困扰到学校心理健康中心去寻求专业帮助，这比父母与孩子谈要专业有效得多。

孩子在大学阶段，即便没有心理困扰，也需要完善人格。一个人的心理健康、人格完善是贯穿一生的课题，不论在什么时候，都

有自我认识、自我完善的需求和必要。而在大学，心理咨询和辅导是国家提供的免费福利，父母要善于应用这个机制，更科学地帮助孩子健康成长。

（作者：徐美勤）

故事 7

不能说的秘密——我爱上了同性朋友

【故事梗概】

小昂，男，21 岁，大三学生，原本性格开朗外向、学习勤奋刻苦的他，最近却变得心事重重，情绪低落，也常常迟到旷课，心不在焉。同学注意到了他的异常，报告给了辅导员，经辅导员推荐，他前来寻求心理咨询。

原来，从中学时期起，随着性别意识的萌动，小昂逐渐发觉了自己的"与众不同"——当有帅气的男生坐到他的身旁时，他会不自觉地心跳加速，坐立难安，而对女生却从没产生过这样的感觉。他曾经通过网络查询资料了解自己的情况，也曾经为了证实自己的性取向两次尝试与女生接触交往，均以失败告终。随着小昂的成长，他逐渐明确了自己的性取向。

进入大学后，因为好奇，他尝试着使用交友软件结识了男生小B。他与对方线上交往并火速"奔现"，在发生关系后，他却发现无法再联系上对方。关系的幻灭让他感到难受之余，他开始担心自

己是否会被传染上艾滋病等疾病，自责于自己的冲动行为，也担心自己的性取向暴露之后会面对社会和家庭的强大阻力。巨大的压力淹没了他，让他对自己的人生和未来产生了前所未有的焦虑、无助与迷茫。

【咨询过程】

小昂刚来到咨询室时，要么欲言又止，要么长时间地沉默不语。对此，咨询师向其解释，在咨询过程中，咨询师不会对小昂进行是非对错的道德评判，也会对除有伤害自己和伤害他人等危险情况之外的信息完全保密。小昂才断断续续地讲述了他的苦恼，在提到担忧自己是否染病的情况时，他失声痛哭。由于强烈的焦虑，他不敢去做检测，害怕面对不好的结果。咨询师陪伴着小昂，表达了对他的痛苦的理解，强调无论事件如何发展，自己都会在咨询中陪伴小昂。在咨询师的鼓励下，小昂进行了检测并发现没有染病。咨询师又带领小昂对这次事件进行了总结回顾，强调了安全交友的重要性，并和小昂一起探索了更深层次的话题。

小昂的家庭条件虽然良好，但父亲在他的成长过程中较为缺失，母亲陪伴他长大，对他要求较为严格。在青春期觉察到自己的性取向后，他曾经向母亲试探对同性恋的看法，得到了母亲负面的反馈。对此他感到很伤心和自责，觉得自己有愧于家人的教诲，不敢再向父母表达自己的情况。咨询师向小昂讲述了一个人的思想态度是在成长的过程中逐步形成并不断固化的。母亲对同性恋的态度也是如此，是事出有因并且不容易被改变的。咨询师带领小昂接纳这种不被家人认同的悲伤，以及重要的是在这种情况下小昂要靠自己选择怎么做。

　　既然他人的观念是逐渐形成并难以改变的，那么自己也无法改变和控制他人的想法与态度，能做的只有控制和改变自己。这并不意味着要求小昂按照家长的态度改变自己的性取向，而是要在接纳自己的基础上，过好自己的人生，从而让父母安心。于是，咨询师引导小昂表达出自己期待中未来生活的样子，逐条分析为了实现期待中的生活，自己需要做出哪些努力，从而帮助小昂从寻求父母的认同、寻求外界的认同转向自我认同和自我成长。

【原理分析】

建立安全信任的关系。建立起安全和信任的咨询关系对小昂来说是十分重要的。同性恋群体在社会中面临着很多的压力和阻力，因此这个群体中的很多人会选择隐藏自己的真实情况，用他们的话来讲——"假装自己是个正常人"。这导致了他们在遇到困境时，难以向他人寻求帮助。很多人带着问题来到咨询室时，依然会因为内心的顾虑而对自己的真实情况有所隐瞒，从而使自己陷入更加孤立无援的境地。咨询师通过向小昂阐述心理咨询的保密原则和不评判原则，以及真诚地表达自己非常愿意与小昂并肩作战，解决其生活中的困难，与小昂建立起了相对信任的关系，他才愿意讲述出了核心问题——自己的同性性取向以及当下对染病的担忧。

应对重大压力源，推动反思。随后，在咨询师的支持鼓励下，小昂到专业医院进行了医学检查，排除了染病的可能性，巨大的焦虑源被除去。在"松一口气""劫后余生"的体验下，咨询师陪伴小昂对该次事件进行了反思，即安全性行为和严肃交友的重要性。进一步，咨询师带领小昂探索了自己此次冲动交友且在未深入了解的情况下发生不安全关系等，这些带着自毁倾向行为背后的心理原因——在小昂的内心深处，无法坦然地面对自己同性性取向的现实，他觉得自己有愧于父母的关爱与教诲，并怀有深深的自责。

冲动交友背后的心理机制。进入大学前，他的困扰无法向父母诉说。进入大学后，他的情况也无法向同学分享。他自己也无法与自身的性取向和谐相处。在成长过程中，小昂一直在默默承受着这种不被理解的孤独。在他的世界里，父母、朋友都是不能够理解和接纳他的，他内心存在着很多焦虑，压力无处排解。在这种情况下，他只能转向虚拟的网络平台。当找寻到同类时，他体验到了前所未有的被理解感，于是将自己的情感、信任全部诉诸一个未经认真了解的对象，从而给自己带来了许多麻烦。咨询师带领他对这个过程进行了总结，帮他看到"孤独感→对关系的渴望→冲动地寻求信任→遭遇'背叛'→体验到更多的不信任"这一个恶性循环的模式，从而帮助他更为客观地看待和反思自己冲动交友的行为。

聚焦资源与希望，进行认知视角的转换。与性取向为异性的"性多数群体"相对应，同性恋群体属于少数群体。在一个社会中，直面自己成为少数的现实是需要相当大的勇气的。因为，尽管社会一直在提倡反对污名和歧视，性少数群体在社会生活中依然面临着重重阻力——被否定、被排斥、被孤立、被霸凌、被歧视等。在这样的背景下，自我关注、自我认同和自我关怀是相当重要的。直面自己的性取向，接纳自己与他人的不同，承担起对生活的责任，强壮自己的"根系"以应对"逆风"，才更可能追寻到幸福的生活。在这一部分，咨询师帮助小昂逐渐看到他自己身上的优点——性格外向开朗、学习能力较强等，帮助他将视角从当下的受困情境转向对未来生活的期待，帮助他将视角从来自家庭和社会的压力转向如何通过自己的优点以获得更好的自我成长与自我发展。

【咨询师的建议】

其实面对孩子的同性恋情况，有一个群体同样经受着极大的压力与痛苦，那就是咨询室外的家长。许多同性性取向的孩子指出，自己最大的压力来源恰恰是家庭。他们或者是无法向家人说明自己的情况（也称"出柜"），又或者说明后遭到了父母的坚决反对与拒绝。面对孩子的同性恋现实，很多家长表示自己"完全不能接受"，他们会认为自己的孩子不应该是也不能够是同性恋，并列举出很多理由："孩子没有同性恋特征""家里没有同性恋基因""孩子是受到不良信息的影响""孩子是与异性接触不够导致的"。而这么多反对声音的背后，是家长对同性恋的核心观点和担忧："同性恋是异常的""同性恋没有孩子""同性恋不可能幸福"等。

在这些对立之中，家庭不但不能帮助孩子应对生活中由于性取向所引发的种种困难，反而会引发更大的矛盾与问题。针对这些情况，以下从心理学专业的角度提供几条建议，供家长参考。

1. 从专业角度出发，正确认识同性恋

同性恋并不是心理疾病，无须被"治疗"。今天，包括美国、中国在内的世界权威精神障碍诊断标准中均已将同性恋删除，即同性恋并不属于一种心理病态表征。同性恋成因不明，无法被"矫正"。总的来说，专业从业者普遍认同同性恋是生理、心理、社会多层面因素综合作用的结果，性取向并非当事人可以自行选择的，

成为同性恋者并不是他们故意为之，也不能根据个人意志决定和改变。

在这里做一个比喻可能更有助于理解。异性恋和同性恋就好比左位心和右位心。人群中的绝大多数都是左位心，但极少数人会是右位心，即心脏长在右侧而非左侧。我们不会指责一个人是故意让自己的心脏长在右侧的，也不能够因为这部分人与绝大多数人不同，就认为右位心是一种病态表现，因为右位心个体的身体机能一切正常，更不能够强求运用某种方式，将个体的心脏从右边强行扭转至左边。

对同性恋的矫正和伪装对孩子伤害较大。现实生活中，一些家长不能够接受孩子的同性恋倾向。他们带着孩子求医问药，希望心理医生能够通过治疗，帮助改变孩子的性取向。有的家长甚至会将孩子送进一些特殊机构，对孩子强制进行所谓的"矫正治疗"。这些"矫正治疗"大都使用厌恶疗法、暴力惩戒等方式，对被治疗者的身心健康有严重损害，有的甚至违反法律。国际上并无性取向矫正治疗的科学证据，医学界和心理学界等对这些"矫正治疗"持反对态度。这些方法不但不能够矫正子女的同性恋倾向，还会损害孩子的心理健康状况，导致孩子出现抑郁、焦虑、创伤后应激障碍等心理障碍。此外，这种行为还会严重破坏亲子间的关系，导致孩子对家长失去信任感，造成亲子间的矛盾对立。上述后果在临床的实际案例中屡见不鲜。

2. 家长的支持对孩子非常重要

身为性少数群体，孩子面临着来自社会层面的强大压力，比如

他人的敌意和歧视等。在这种背景下，作为孩子内心深处的后盾，家庭的态度是十分重要的。一些家长难以接受孩子的性取向，要求孩子按照自己的意愿产生改变，有的甚至会以死相逼、断绝关系，这会让孩子的状况雪上加霜。他们除了要面对外界的多重压力，还体验到家庭层面的强大压力，从而陷入更加危险的境地。与之相对，家长的理解、包容和支持，能够给予孩子相当大的力量支撑，帮助他们更好地应对现实生活中的困境，从而获得更好的人生发展。

3. 不要让自己对孩子的爱被控制所掩盖

家长需要看到自己焦虑背后存在的东西，那就是希望孩子走上正确的道路，过上好的人生，能够健康和幸福。只不过有的时候，家长对"好"和"正确"的定义，受到自己的成长背景、知识阅历等因素的限制，这与子女的实际情况间存在巨大的冲突。对家长来说，难以接受但又不得不接受的一个现实是，家长可以希望孩子往"好的""正确的"道路上发展，但却不能够强行要求孩子必须按照自己认为"好的""正确的"道路发展。因为孩子和家长一样，是一个有着自己的需求、有着自己的思想、独立的人。学着去接受孩子不能按照自己的期望成长，学着去接受孩子身上那些让自己"不能接受"的部分，对于很多家长来说，都是十分必要且至关重要的成长。

4. 家长也需要进行自我关照

对于大多数面对子女同性恋状况的家长来说，要做到上述认识有时候是相当困难的。家长自己也在经受着很大的矛盾、冲突与痛苦。很多家长内心深处会认为同性恋倾向是有病的甚至有罪的，于是完全不能够接受孩子成为同性恋。这种在成长过程中所形成的固有观念与孩子同性恋取向的实际情况之间，存在的矛盾冲突是相当巨大的。这种巨大的冲突再混合着对孩子在未来可能面临歧视等各种问题的担忧，会带给家长很强烈的焦虑、惊惶、羞耻、无力无助等情绪体验。在这些强烈情绪的推动下，家长会不断地寻求各种办法（如带孩子寻求心理咨询，将孩子送到特殊机构等），以期能够"矫正"孩子的性取向问题。在过度焦虑、惶恐等负面情绪的体验中，家长是没有办法相对理智客观地看待和解决问题的。所以采取的种种行动常常事与愿违，不但不能解决问题，反而造成新的、更加严重的问题。因此，家长需要意识到，事态越是"严峻"，就越需要自我关照。只有稳定住自己的状态，才可能更好地解决问题。比如，除了带孩子寻求心理咨询之外，必要的时候家长自己也需要寻求专业人员的个体咨询或团体辅导的帮助。除此之外，还可以加入一些同性恋家长群体。在群体里，家长可能会发现，不止是自己一个人在面对这种困难。群体支持的力量是巨大的，它能帮助缓解情绪压力，寻找更好的解决办法。

（作者：席丹荔）

咨询师讲故事

故事8

岔路口的焦虑怎么破？生涯规划来帮忙

【故事梗概】

小杨目前已经大四了，放寒假前刚完成了毕业论文的开题答辩，但小杨回到家里还是闷闷不乐。在爸妈的再三追问下，小杨才说出了原因：自己不打算读研，想大学毕业后直接就业。大一大二的时候平平淡淡过了，成绩不好也不坏，因为没有提前做什么计划和准备，到了大三也没来得及找个实习单位。到大四一开学小杨就蒙了，现在的校招注重实习经验和实际技能，而小杨也不清楚自己适合什么工作，胡乱面试了好几个公司都没有通过。眼看着"金九银十"招聘季过去了，身边好多同学都找到了合适的工作或者选择继续读研，在奋力备考，而自己的前途却一片灰暗，小杨又急又无力，对自己逐渐失去信心，不知道该做点什么。

小杨的父母在假期里每天鼓励小杨去求职，还到处托关系打听。但小杨的逆反情绪好像越来越重，每天躲在屋里不愿意出门，找到个实习岗位，说好了去试试，也一拖再拖。请朋友帮忙介绍的

岗位，小杨又不想去，放了别人鸽子，气得爸妈直跺脚，但也拿他没办法。小杨一方面后悔自己在大学里没能努力学习，专业知识和应用技能都不过硬，所以很难找到心仪的工作岗位；另一方面又埋怨面试的公司为难自己，不识人才。在这样的心理下，小杨越发自怨自艾，茶饭不思，白天没精神，晚上也睡不着觉。

辅导员在得知了小杨的情况后，非常关心，一方面汇集资源，给小杨提供很多有用的招聘会信息，提醒面试时的注意事项等；另一方面针对小杨现在的心理状态，建议他寻求心理咨询的帮助。

【咨询过程】

在咨询开始阶段，咨询师初步了解了小杨的当下情况和他对咨询的期待。咨询师首先通过认真倾听和理解，与小杨建立了比较好的工作同盟关系，这让他可以感觉安全而放松地敞开心扉与咨询师讨论自己遇到的困扰。

在与咨询师沟通的过程中，性格内向的小杨逐渐开始梳理和回顾自己关于职业规划方面的心路历程。初入大学时，小杨和周围很多同学一样，带着懵懵懂懂的兴奋，参加了几个社团，也选修了一些感兴趣的课程，但是他没有什么目的性，仅仅是玩了就玩了，听了就听了，没有特别强的目标驱动，很多一开始感兴趣的事情，在遇到一些挫折后就慢慢放弃了。小杨回忆说，记得大二大三每次开年级大会时，辅导员都会强调规划的重要性，提醒大家一定要开始给自己的未来设定目标并合理规划，小杨也会因此紧张两三天，背背单词或者翻出专业书看看，但之后很快又回复懒散状态。

在咨询师的邀请下，小杨道出那时的想法——自己从紧张的高中来到大学后，觉得终于可以放松了，什么都不着急，先玩一阵再说，没想到自己变得越来越没有动力，迟迟未完成的学习任务也加剧了自己的拖延，口中不停自嘲烂泥扶不上墙，真实的感受就是内疚、自责，内心里非常着急却好像又僵在那里，不知道可以做点什么。咨询师看到了小杨有想要改变、想要追赶的愿望，也深深地理解他的那份着急。这样的反馈让小杨感觉一直紧绷的神经稍微有了一点放松。

按照两人共同讨论出的咨询目标以及步骤，咨询师首先陪伴小杨进行了较长时间的自我探索，深入了解自己的职业兴趣、价值观、成长经历，以及自尊、自我评价等议题，让小杨第一次如此坦然且诚实地审视自我，并从中获得了自我效能感和进一步挖掘自我的动力。接着，咨询师和小杨一起明确了他目前的困难有哪些是主观因素、哪些是客观因素造成的，以及可以发力的点在哪里。最后，咨询师和小杨一起制订了切实可行的职业生涯规划，并在咨询后期不断推进，遇到困难时再次讨论如何应对，这让小杨在现实中开始一步一个脚印地实现着自我的就业目标。

经过一个多学期的咨询，小杨开心地告诉咨询师，自己赶在毕业的尾巴找到了一个实习岗位，虽然跟有些同学相比还有一些差距，但自己的心态发生了很大改变，更看重自己的成长，而且这个岗位可以为自己喜欢的图像算法工作积累经验，他愿意去实实在在地从头开启自己的职业生涯。

【原理分析】

毕业找一份什么样的工作，关系到一个人未来的发展，也影响着整个家庭，所以，当家长发现临近毕业的孩子在未来出路方面还是一头雾水、进展不尽人意的时候，表现出异常着急是可以理解的。在这种着急的心情下家长容易做出一些可能治标不治本的事，比如催促孩子去考研、考公、考各种编制，或者直接托朋友找关系给孩子安排实习工作等，这样实际上既加重了孩子缺乏自我责任意识的心理问题，也剥夺了孩子在面对人生规划节点时探索自我的机会。

值得肯定的是，越来越多的家长开始逐渐意识到，大学生从大一开始的职业生涯规划就很重要，但职业生涯规划并不单单指一份计划周全的大学时间表。在心理学上，职业生涯规划就是对职业生涯乃至人生进行持续的系统的计划的过程。一个完整的职业规划由职业定位、目标设定和通道设计三个要素构成。在职业生涯规划的过程中，是个人与组织相结合，在对一个人职业生涯的主客观条件进行测定、分析、总结的基础上，对自己的兴趣、爱好、能力、特点进行综合分析与权衡，结合时代特点，根据自己的职业倾向，确定最佳的职业奋斗目标，并为实现这一目标做出行之有效的安排。由此看来，对于大学生来说，一个完整的职业生涯规划从进入大学之初就开始了。

在本案例中，小杨在进入大学之前倒是目标挺清晰的，那就是老师家长等所有人告诉他的——考上好大学。但是进入大学之后，他就面临着目标缺失这一心理落差带来的空虚与迷茫，如何度过大学成为一个让他想起来就头疼的问题，于是他选择了得过且过，先玩再说，对功课、辅修等抱着"及格万岁"的想法，也算是安安稳稳地度过了大学前几年。与此同时，小杨是一个缺乏自我探索的年轻人，一直生活在外在要求过于强大的环境中，他对自我的认识其实是非常粗浅的，也缺乏内省的。而家长总是习惯于不断地下达"你要做什么"的指令，却忽视了孩子本身是一个怎样的人，他的思想、情感、关系处于怎样的一个阶段，需要怎样的指导和实践。

因此，谈到职业生涯规划，一定的自我探索是必不可少的，甚至是进行职业生涯规划的前提。在进行规划的过程中，既需要他人的有效经验，又需要个体结合自身的特质进行个性化定制，可以说，家长的理想蓝图未必适应于孩子的心理需求，每一个孩子的职业生涯规划都是一份私人定制。

【咨询师的建议】

1. 将生涯规划融入家庭生活，帮助孩子建立良好的规划意识

职业生涯规划远不止在毕业季才被提上日程。一个具有规划意识的大学生应该在大学一开始，心中就慢慢开始规划一份初步的成长蓝图。在笔者的高校新生心理访谈工作中，都会问学生一个问题——是否对毕业后的发展方向有初步想法呢？当然大一时学生的一些想法大概率会发生改变，但这些具体想法本身并不是特别重要，而这种想要为自己打算，会思考自己的成长道路的意识才是我们关注的重点。而孩子是否具有规划意识，和家长平日是否给予孩子足够的自主选择和成长空间息息相关。

正如本案例中的小杨，在进入大学之前几乎所有的生活都被父母安排妥当，从文理分科到志愿填报，父母都起到了决定性的作用，小杨并未觉得有什么不妥当的地方，他觉得听从父母的安排也挺轻松的。但来到了更加自由发展的大学时，没有了父母的耳提面命，缺乏规划意识的他便陷入了随波逐流。在日常生活中，父母与孩子交流时，要逐渐认识到随着年龄和阅历的增长，孩子会逐渐有更多的自我意识和需求，也就是我们常说的孩子有自己的想法，这些自我意识的萌芽是非常珍贵的，但父母常常用"不听话"或"叛逆"来笼统概括。这时应该尽量给予孩子充足的发展空

间，从聚餐时听听孩子想吃哪一道菜开始，到帮助孩子搜集资料，进行信息整理，允许孩子理性客观地做出决定，这些都有利于孩子对自己的生活产生规划意识，知道自己有能力去筹备自己想要的生活。

2. 和孩子共同面对规划困难，为孩子提供有力的心理及资源支持

职业生涯规划不同于一般的情绪问题、认知问题，对于孩子来说，关于职业生涯规划的问题，往往是同诸多现实困难结合在一起的。小到不知道参加面试该如何穿衣，如何获取招聘岗位信息，还有自己的简历该怎么写，等等，都是孩子可能会遇到的现实困难。职业生涯规划是一个过程，但是问题却常常在某一个节点凸显，这个时候特别需要家长们可以给孩子提供有力的支持，尤其在心理上。一些名人传记中鼓舞人心的语录，一部像《当幸福来敲门》的电影，一份具有指导性的面试大宝典，当年自己找工作以及在工作中的个人经验……都有利于亲子之间就职业规划的议题进行沟通交流，让孩子感受到来自父母的心理及资源支持。

面对人生的重要选择，极少有人是百分百从容面对的，尤其是初次面对就业这一大事的孩子们，父母理解他们的迷茫，知晓他们的痛苦，并愿意和他们一起去面对这些心理上的困难，对于即将步入社会的年轻人来说，这些就是有力的支持和陪伴。孩子在规划上的困难，不仅体现在缺失一些机会的懊恼，或是无头苍蝇般的焦虑，有时候这种感受和一种人生在面对重大选择时的无措和恐惧是紧密相关的，而这种感受，既是年轻人成长所必须经历的，也是父

母作为过来人最应该发力去化解的。

3. 适当引导孩子的职业生涯选择，助力孩子成为责任主体

与生活中其他选择相比，职业生涯规划的方向拟定具有更多的社会意义，选择什么工作，选择去哪里工作，选择怎样工作，既是年轻人的个人议题，也是这个社会的议题。在这一点上，父母作为更具有经验的社会人，理应对孩子的职业生涯选择进行适当引导，而并不是决定和命令。

父母对孩子的职业生涯选择的引导，需要站在比孩子更高的角度进行，而不能仅仅看到眼前利益，也许孩子说"这份工作薪水好高啊！我要去"，但父母可能需要考虑到更多因素，如工作的内容、意义，以及对孩子未来发展的帮助，乃至对社会的贡献等。优秀的年轻人是这个社会发展的重要动力，勇于承担社会责任的年轻人，是高等学校培养人才的重要目标。周恩来曾有"为中华之崛起而读书"的雄心壮志，而今天的孩子们若能感到自己为这个社会有贡献，这种价值感，可以帮助孩子成为更具有责任意识的社会公民，将来也会帮助其最大程度地避免倦怠和迷茫，这些是为人父母需要学习提升以及指导孩子的方向。

（作者：张欣欣）

咨询师讲故事

故事9

"早恋"真的可怕吗？谈谈青少年的恋爱

【故事梗概】

　　高二女生小淇被父母带进咨询室，原因是小淇"早恋"了，并且严重影响了学习和亲子关系，父母不知道怎么处理和应对。事情是这样的：暑假期间，小淇妈妈偷偷看了小淇的日记本，发现她在日记本上记录了对一个异性好友的好感，因此父母认为小淇"早恋"了。他们对此非常担心，和小淇谈了很多次，要求小淇专心学习，不要"早恋"。尽管小淇再三表示两人不是恋爱关系，但还是答应了父母，不再和那个男生联系。不过根据父母的观察，小淇撕掉了日记本，给手机换了密码，在家时常一个人用手机聊天，看到父母会马上藏起手机，而且成绩也退步了不少，父母认为她仍然在"早恋"。这学期期末，小淇表现出对学校明显的抵触，甚至不想去参加考试，还跟父母提过下学期不想去学校，想要休学。小淇的父母觉得这都是"早恋"带来的严重后果，他们觉得小淇不听父母话，对此伤心又失望，和小淇之间的关系越来越差。现在小淇甚至拒绝跟他们交流，他们不知道该如何处理，于是带小淇来到了咨询室。

【咨询过程】

小淇来到咨询室后，一开始也不愿意和咨询师交流，认为咨询师和父母站在一边，都是为了让自己听话，满足父母的要求。咨询一开始，咨询师对小淇解释了咨询的伦理、保密等基本规则，并且与小淇的父母和小淇共同明确了咨询的对象为小淇后，小淇逐渐相信心理咨询师，愿意敞开心扉，心理咨询的工作联盟初步建立起来了。

在以后每周一次的心理咨询中，小淇都如约而至，随着咨询的进行，她谈到了自己对父母的不满意，也谈到了父母眼中自己所谓的"早恋"关系。

从小淇的描述中，咨询师看到了一个小心翼翼、困难重重的孩子在青春期的困难中左支右绌。小淇讲，她中考考到了新的高中，班级的大部分同学都是直升上来的，其他同学彼此之间都很熟悉，而自己对整个环境很陌生。在班级看到其他人关系融洽时，她常常不知所措。高中的学习节奏也和初中很不一样，学习上的挫败无处诉说，很多时候小淇感觉到苦闷、彷徨。

咨询师从小淇的讲述中，听到了她在高一那段时间的焦虑和无助。随着咨询的展开，小淇谈到高一下学期生活中的新变化："那个时候像是溺水的人抓到了游泳圈一样。"原来，在下学期的时候，小淇换了一个新同桌，是个男孩，他外向开朗，主动跟小淇讲

题，在同桌的帮助下，自己和班里其他同学的关系也越来越融洽，小淇逐渐对同桌萌生了朦胧的好感，似乎一切都在慢慢变好。

从小淇的讲述中，咨询师看到了青春期少女的懵懂和纯真，感受到这位同桌对于小淇来说是重要的资源。

然而，这一切却被父母打断了。他们偷看日记后告诉了班主任，一遍一遍地告知她"不能谈恋爱，会影响学习"。小淇想要去辩解，想要说他们的关系没有影响学习，反而在帮助自己变好，但父母并没有听到她的心声。小淇感觉自己被控制，被粗暴地干涉隐私。

咨询室里，咨询师听到了小淇的愤怒和绝望。

经过一段时间的咨询，小淇意识到她在用自己的方式——不去努力、摧毁自己的学习，提出休学——向父母表达着这些愤怒和绝望。她渐渐明白了自己和父母之间真正的冲突所在，意识到自己期待和渴望被父母理解和接纳，小淇明白也许自己可以用一种更健康、更具建设性的方式去应对眼前的这些困难。

接下来的咨询中，小淇和咨询师探讨如何和父母更有效地沟通，剑拔弩张的亲子关系开始慢慢松动，生活逐步回归正轨……

【原理分析】

如果有一样事情能让中学生的父母如临大敌，排在前几位的一定有"早恋"。在家长和老师们的一般观念中，孩子有了"喜欢"的人就是"早恋"，并认为"早恋"往往会占去不少的学习时间，分散精力，严重影响学习。很多父母还会把"早恋"和一些更严重的问题，比如说发生性关系、意外怀孕、"学坏"等联系起来，这就不难理解为什么一旦发现"早恋"的苗头，家长们就如此头痛并加以警惕。上面小淇的父母就是如此，因为担心害怕，处理起来就会有点反应过度。

从小淇在咨询中的表述来看，她是对同桌男孩子有好感的，那是因为这个异性同桌在她最艰难的时候，扶了她一把，送了她一程，她用日记记下了内心的感受。这种感激、美好又有些说不清楚的情感，在父母看来却被认为是"男女之爱"，无论孩子如何解释，家长更愿意相信自己的判断。在事情的不断演化下，小淇开始

觉得自己孤立无援了，她放弃了解释与说明，把自己封闭起来，跟外界断开了联系，与美好失去了连接。因此，对小淇来说学校开始成为一个毫无期待的、想要逃离的地方，所以她不想去学校，想要休学，离开这个让自己感到难过的环境。

　　咨询师把咨询的重点放到良好关系的建立上，通过认真共情的倾听，让小淇慢慢地重新找到与外界联系的感觉，让爱的能量循环起来。之后再让小淇把积压在内心的负面情绪通过语言表达出来，通过表达帮助她分清自己真正需要的是什么，找回解决问题的自主权、自己的主动性。最后咨询师与小淇一起努力，找到应对压力更健康的方式。

【咨询师的建议】

1. 正确看待早恋关系

　　"早恋"这个说法是否正确，其实研究者们也有不一样的看法。例如李学铭在《青少年心理学》一书中把"早恋"看成是14岁以前的青少年在心理和行动上表现出的和恋爱相关的现象。也有研究者认为，"早恋"这个概念本身是成年人对中学生异性交往产生的恋情现象的反省式、批判式的定性表述，概念本身的倾向性是错误的，"早恋"既可以是学习、生活的阻力，也可以是动力。还有研究者认为，中学生异性之间的交往，与其称为"早恋"不如称为"早练"。当然，对于中学生来说，青春期的到来，第二性征的出现，性意识的觉醒，也必然意味着对异性更容易"有想法"，那么家长可以从两点来区分辨别健康的有积极意义的"早恋"和破坏性的、不稳定的恋爱关系。第一点，孩子的异性关系满足了哪些需求，是虚荣心理吗？是从众心理吗？是叛逆心理吗？是在寻求刺激吗？是通过恋爱证明自己的自卑心理吗？还是通过恋爱关系回避学习人际压力？如果是这些，那作为家长要警惕。第二点，彼此有好感不等于谈恋爱。异性之间朦胧的好感，随着关系的发展，彼此喜欢聊天，喜欢在一起玩儿，这是人际交往能力的体现，也是成熟的表现。真正的"早恋"不仅是好感，同样还有认知和行为表现的倾向性，例如沉迷约会、亲吻、拥抱，甚至发生性关系等。二者之间有很大的区别，所以家长不用像看待洪水猛兽一样看待"早恋"。

2. 重视亲子关系、家庭氛围的构建

　　研究表明，父母的教养方式与孩子的早恋态度之间存在显著的正相关，父母在养育孩子的过程中越是过分干涉、过度保护、拒绝否认和严厉惩罚，越容易带来"早恋"的可能性；而情感温暖与理解的家庭氛围是孩子心理健康的重要滋养来源，来自这样的家庭的孩子会更少发展外界的心理支持资源，更少"早恋"的倾向性，因此父母务必重视亲子关系、家庭氛围的构建。父母对"早恋"问题堵不如疏，不能粗暴干涉、强行拆散。有很多父母希望孩子乖巧、听话、懂事、成绩好，一些极度以自我为中心的父母，把自己的意志凌驾于孩子之上，而对孩子本身的意志、情绪和感受或多或少忽略了，某种程度上孩子成为父母意志的"附属品"，父母要特别注意避免这一点，学会真正尊重和理解孩子。

3. 适当和孩子谈性

　　青春期的恋爱对青少年的成长意义重大，青春期活跃的荷尔蒙使得青少年产生了对异性的好奇与兴趣，通过与异性的沟通，青少年可以发现自我、探索个人身份、构建对性的认知，也许"早恋"稍纵即逝，但是对日后的恋情与婚姻有着重大的影响。青春期恋情或者说"早恋"意义重大，但同样风险并存，这个风险就来自缺乏性知识与防护意识。因此父母对青少年孩子进行性健康教育非常重要。可以从三个方面进行，一是生理方面，青春期是性发育最快的阶段，青少年会面临着生理的变化，父母应该关注孩子的身心发展特点和出现的问题，及时对孩子进行适当的性知识教育，包括生理卫生知识、身体结构知识，主动谈"性"，解答孩子的问题，安抚孩子的不安，使孩子能够正确认识两性生理差异及发展变化规律；二是心理方面，青春期的孩子身心发展不平衡，生理变化可能带来恐惧、惊慌、尴尬、躁动、不安、好奇、不知所措的心理，父母应当看到并理解这种心理状态的变化，引导孩子以坦然、健康的心态来应对；三是父母一定要告诉孩子爱情中有一个不可触碰的底线，这就是在未成年之前不能发生性关系，性是每个个体的权利，但也是责任，青少年孩子还不能独立承担起性行为所带来的相应责任，青春期纯洁美好的爱情还不能承受性行为所带来的后果。此外，父母还应该教会孩子对可能遭遇的性骚扰的判断和处理能力。

4. 有效沟通，让父母成为孩子的资源

　　有效的沟通包括有效的倾听。亲子关系冲突发生时，多数都是

父母不能够耐心倾听孩子的解释，也不能快速确定孩子真正需要的是什么。讲有效沟通的书籍非常多，这里我就不重复了。从上面这个案例分析，对青春期的孩子来说，尊重孩子的隐私，父母和孩子之间逐步建立起边界感，家长尊重孩子的自主权，对有效沟通是有帮助的。

（作者：王海星）

我的孩子怎么了？
写给咨询室外的学生家长

咨询师讲故事

故事 10

从未存在的童年——如何面对留守儿童的灰色记忆?

【故事梗概】

　　元元是一所"985 高校"的大三学生，她在大学入学不久就被诊断为中度抑郁，此后一边接受药物治疗，一边在学校心理健康教育中心接受心理咨询。元元外表清秀瘦弱，看起来干净整洁，连续三年成绩名列前茅，除此之外她还参加了多项学科竞赛，并且取得了不错的成绩，还是学校学生会某一个部门的负责人。按照元元目前的成绩，她已经取得了保研的资格，周围老师和同学也对她十分认可。不过这都是外在表现，当元元独自一人的时候，她常常感到一切都没有意义，似乎生活非常空虚，常常在凌晨一两点仍然睡不着觉。她对一切都充满了不自信，包括她的学业，她未来是否能够胜任工作，周围的同学是否真心喜欢她，每次要给学生会部门同学开会她都要焦虑地准备很久很久。她也会因为某一个好的竞赛结果而欢欣鼓舞，然而这种开心的感觉转瞬即逝，并不能给她带来持久的自我肯定，大部分时间她都在"感到自己很糟糕""感到自己还可以"之间来回摇摆。

【咨询过程】

元元在大学入学后参加了学校统一组织的教育部大学生心理健康测评，随后参加了学校心理健康教育中心组织的新生访谈。通过访谈，心理老师发现元元非常不自信，在环境适应、人际关系等方面存在现实困难，建议她到学校心理中心预约心理咨询，因此元元预约了咨询，开始了自己持续三年的心理咨询历程。

在咨询的第一阶段，咨询师主要是通过倾听、理解、同感和支持给元元提供一个稳定、安全的环境，取得她的信任，建立稳定的咨访关系。在这个阶段，咨询师也在评估元元的各方面情况，了解到她有入睡困难、强烈的空虚无意义感、明显的主观痛苦、偶尔有结束生命的想法等症状后，评估这可能是抑郁症相关症状，因此对元元做了一些心理健康教育，建议她到精神科就医。后来元元被诊断为中度抑郁，在医生的建议下一边遵医嘱服药治疗，一边进行心理咨询。在这个过程中，咨询师也做了一些安全、稳定化的保护工作，避免元元发生危险。

在咨询的第二阶段，元元不断谈到自己的各种现实困扰，不断地描述自己在完成小组作业、课堂展示、人际关系，甚至考试等活动中的焦虑和担心，不断地陷入各种各样的内心冲突和纠结中，她担心自己做得不够好，担心别人不喜欢自己，但又无法接受自己是一种平庸的状态，虽然她也知道很多人都是这样的，但"那个人不是我"……

咨询师听到了元元对自己理想化的期待，也听到了对自己深深的不满、无助和强烈的绝望感。

随着咨询的展开，在第三阶段，元元开始和咨询师慢慢地谈起她的成长经历：她其实不到一岁就由爷爷奶奶带，父母在外地工作，属于城市留守儿童，成长经历中爷爷奶奶关注的重心在元元的学业成绩上，小小的元元常常感觉自己是不够好的。在这个阶段，通过不断的同感和共情，咨询师开始帮助元元更多地理解她对现实生活的应对方式以及因此带来的现实困扰，理解这些现实困难和她的成长经历之间的关系。

咨询的第四阶段，咨询师从积极的角度和元元一起看到她身上坚韧有力量的一面，帮助她寻找资源，和她一起探索适应当前环境的成长应对方式。

在长期、连续、稳定的心理咨询工作同盟中，元元得到了情感的理解和支持，留守带来的心理创伤也在慢慢修复。

【原理分析】

1. 留守经历对青少年个体心理发展具有破坏性影响

在我国社会快速转型和变迁的过程中，人口的迁移日益频繁，这也带来了大量的留守儿童。研究表明，不仅是正在经历着留守的儿童心理健康会受到影响，例如适应不良、情绪不稳定、人际关系紧张等，留守经历对孩子们以后的心理发展也有影响，例如有留守经历的大学生在负面情绪、积极应对方式、自尊和人际关系方面都与无留守经历的大学生有显著差异。留守开始的年龄越小，留守的时间越长，父母和孩子联系的次数越少，成年以后抑郁、焦虑水平越高，自尊水平越低，人际困扰越多，且更少采用积极的应对方式。有留守经历的大学生心理韧性水平可能较低，并可能与个体出现心理病理症状和较高自杀风险相关。本案例中元元就有明显的留守经历，且她的自我评价、自我感受都和留守经历有很大的关系。

元元的父母都在外地城市工作，她出生后，父母由于事业正在上升期，工作很忙，无暇照顾年幼的元元，所以不到一岁她就被送回老家城市由爷爷奶奶抚养。这对不到一岁的元元来说是一个重大的分离创伤，年幼的她无法理解为什么父母会"不见了"。很多父母不清楚的是，对于小婴儿来说，一个"足够好"的妈妈，能够帮助个体在生命的早期从母婴关系中获得一个稳定的安全基地，

这个"安全基地"会帮助个体获得基本的安全需要和信任感，并随着年龄的增长，逐渐内化到个体内心深处，对个体的自我意识发展、人际关系信任发展起着重要的作用。由于父母的缺位，元元没有形成与他人持续的、长久的情感联系基础，没有形成稳定健康的自我意识，在以后的成长经历中这种"失去""被抛弃"的自我经验和感受不断地被唤起，"我到底好不好""所有人最终都会离开我""我是否是一个值得被爱的人""别人喜欢我是因为什么"这些议题不断浮出脑海。

2. 带有评判性的价值条件会扭曲孩子的自我发展

元元的爷爷奶奶非常重视对孙女儿的教育，她3岁左右就开始辗转于各个辅导班、兴趣班。原本爷爷奶奶会替代父母成为元元成长中相对稳定的客体，遗憾的是爷爷奶奶对元元要求非常严格，每当她的成绩不尽如人意的时候就会受到来自爷爷奶奶的言语攻击，例如爷爷会表示"你太令人失望了，我怎么跟你父母交代"，奶奶会说"为了管你的学习，我的血压都升高了""你父母为了你……"元元不能反驳，因为爷爷奶奶确实身体不好，爷爷奶奶的确为自己付出了所有，爸爸妈妈的确在外地奔波"为自己"挣钱……所以，尽管元元成绩一直很好，她却丝毫不敢放松，"我是一个糟糕的孩子"的感受一直在她的心里，她觉得自己是一个拖累，是爷爷奶奶的负担，内疚、自责常常充斥在她的内心。除此之外，她还有矛盾撕扯的感觉，例如她会怀疑父母真的爱自己吗？工作好像比自己更重要；爷爷奶奶真的爱自己吗？成绩好像比自己更重要。这让元元感觉自己得到爱是有条件的，那就是"要表现好"，这种扭曲的价值条件妨碍了元元的自我发展，这种状态直到她读了寄宿制的初中、高中，她与家人也渐行渐远，压抑、紧张、焦虑、不够好成了元元童年的基调，轻松自在、无忧无虑的童年似乎从未存在过。外表看起来，元元是一个"金光闪闪"的大学生，取得了各种各样不错的成绩，然而她的内心深处一直生活着那个焦虑、脆弱、敏感的小女孩儿。那个小女孩儿一直相信没有人真的需要自己、爱自己，所有的喜欢和爱都是有条件的，如果没有达到一定的标准人们都会离开自己。到了大学之后，新的环境和新的任务更是激发起了她这样的感受，这就很容易理解为什么元元会"生病"了。

在近三年的心理咨询过程中，咨询师提供了一个安全的关系和环境，给予元元足够多的理解支持和包容，以不评价、不判断、积极无条件地关注涵容她的情绪和感受，帮助她理解自己的行为，和她一起进入内心世界，使之逐步摒弃来自外部价值条件对自尊、自我意识的影响，促进其体会感受的流动和改变，使其逐渐步入自我实现的健康轨道。

【咨询师的建议】

1. 最好不要让孩子有留守经历

多项科学研究表明，留守经历会对年幼的孩子造成心理创伤，还会影响孩子的依恋发展、安全感的形成等，留守经历时间越长，开始留守的年龄越小，对心理健康带来的破坏性影响越大。因此父母的稳定陪伴对孩子来说非常重要，在养育孩子的过程中我们要尽量避免让孩子经历留守。这种留守不仅仅是距离上的留守——父母

远离孩子，孩子被带给其他人进行抚养，还包括尽管没有距离上的分离但造成了"事实留守"——父母没有外出，但无法给予孩子稳定的、安全的陪伴关系。假设父母看不到孩子的需求，对孩子的需求不能够积极回应，父母只关心自己的需要和感受，粗暴否定孩子的经验和感受，父母关系冲突不断，孩子一直体验着动荡不安，却又被告知"我们都是为了你才没有离婚"……这显然并不比真正的留守经历有多少积极意义。

2. 如果不得不留守，尽量减轻留守经历带来的伤害

受社会发展和客观条件限制，有时候我们确实没有办法近距离陪伴孩子成长，不得不远离孩子甚至远离家乡工作，不能把孩子带在身边。很多人离开家乡是为了给孩子创造更好的经济条件，但千万不要忘记，父母对孩子的监护、养育责任，既包括抚养，也包括教育。在婴幼儿阶段，孩子需要父母给予稳定安全的陪伴，形成安全型依恋关系以及稳定健康的自我意识；在小学和初中阶段，孩子需要父母及时、积极、温暖的回应与引导，发展出健康的心理，并在行为习惯、人生观、价值观、世界观方面由父母进行引导。也许囿于现实不得不离开孩子，但父母的以上角色功能不能缺失。当父母外出时，一定要在有限的选择中委托合适的人选照顾孩子，照顾孩子的人不但是能够从日常生活方面照顾孩子，关心孩子成长，能够和孩子交流、尽量去理解孩子的人，还应该是"温柔而坚定"爱孩子但不溺爱孩子的人。这个照顾孩子的人最好尽量固定下来，避免孩子在不同的照顾者之间辗转。除此之外，父母不能当"甩手掌柜"，应该通过视频、电话、经常往返探视等多种方式参与家庭

互动，营造温馨的家庭氛围，参与孩子的成长，让他们尽量感受到父母的关爱、家庭的温暖。研究表明，留守期间和抚养人的沟通频率、和父母的团聚频率，对孩子的心理支持与心理韧性的发展会起到良好的促进作用。

3. 如果已经留守，尽量弥补已有的消极影响

曾经有留守经历的孩子长大以后，这些来自童年期的心理创伤对个体仍然产生着影响，那从家庭教育的角度来看，作为父母如何帮助孩子呢？有一项针对有留守经历的大学生的研究表明，无论是有留守经历还是没有留守经历的大学生，他们感受到的父亲情感温暖都是显著低于母亲情感温暖的，而来自父亲的情感温暖支持对有留守经历的大学生的主观幸福感有调节作用。还有研究表明，良好的亲子沟通有助于良好家庭教育方式的形成，形成良性的情绪调节策略。因此，对于有留守经历的个体，我们要特别重视温暖的家庭氛围的营造，亲子关系质量的提升，增加亲子沟通频率，避免形成过于专制、严厉、粗暴的教养方式，同时要特别重视父亲和孩子的关系，加强父亲与孩子之间的沟通交流，让孩子感受到更多来自父亲的情感温暖支持。

（作者：王海星）

咨询师讲故事

故事 11

我的孩子被同学欺负了，
如何挥去校园霸凌的阴霾？

【故事梗概】

　　女生小兰因为遗传的狐臭所以对个人卫生特别注意，很少参加容易出汗的体育活动，总是衣着整洁。但是不管她如何注意，总有同学在班级活动时不愿意站在她身边，露出嫌弃的表情。每次只要她站起来回答老师的问题，底下全是同学们的唏嘘声与取笑声。不知不觉地，小兰就成了班级里被取笑的对象，什么都可以被拿来嘲笑一番。同学笑她身材差，笑她不讲卫生，笑她声音难听，甚至有同学说她家里可能卖鱼才有一股鱼腥味。小兰原本是一个性格活泼的孩子，在饭桌上总会给父母分享学校里发生的事情，但在高中时回家面对父母却总是沉默，躲在自己的房间里。高中毕业后，父母带着小兰去做了去除狐臭的手术，手术非常顺利，小兰再也不用为了狐臭的事情而困扰。

　　进入大学后，为了避免被取笑嫌弃的情况再一次发生，小兰总

是早早地从寝室出门，又在夜深人静的时候偷偷地回到寝室，上课的时候也总是独自坐在角落，避免一切和同学们接触的机会。小兰也很想和同学们交朋友，但总是心里惴惴不安，害怕再次出现高中时被取笑的情况。因为每天的睡眠时间不足，小兰上课难以集中注意力，成绩总是排在末尾，她非常苦恼。小兰的妈妈从辅导员老师那里知道这个情况后非常担心，经常给她打电话鼓励她多和同学们相处，但是情况也没有太大的变化。

【咨询过程】

小兰在父母的建议下，来到了学校的心理咨询中心。咨询过程中，咨询师了解到小兰同宿舍的同学曾经多次邀请她一起出去游玩，与小兰一起做小组作业的同班同学也曾经邀请她一起吃晚饭。小兰很想与大家相处，一起吃饭，一起逛街，一起在图书馆自习，但是每当有这样的想法出现，高中时被嘲讽的场景就浮现在小兰眼前，让她不自觉地对自己的外貌、言谈举止充满担忧，只好选择不断地回避社交场景。在咨询师的帮助下，小兰意识到自己因为害怕被同学们欺负所以拒绝和同学们接触。在咨询中，小兰将高中被孤立、霸凌的情绪进行了释放与梳理，同时重新调整了对自我的认知，也在咨询师的鼓励下尝试了几次小范围的同学交流。几次咨询后，小兰慢慢走出了高中时被霸凌的阴影，不仅与同宿舍的同学成为知心好友，也能主动地去结交一些朋友，自己也变得开朗自信起来。

【原理分析】

当校园霸凌发生时，家长朋友们的第一反应可能是"我的孩子做错了什么"。事实上，研究表明，很多情况下，校园霸凌都是无缘无故发生的，一次不小心碰到书桌就有可能引起霸凌的发生，而霸凌者更会随自身喜好和心情对受害者进行伤害。这意味着大多数情况下，我们的孩子什么都没有做，就成了那个受害者。在校园霸凌中，如果父母抱着受害者有罪论来看待自己的孩子，那会让他们的心更加受伤。

其实大部分情况下，霸凌行为的原因往往出现在霸凌者身上。他们的家长可能习惯用暴力方法解决家庭矛盾，家庭环境缺少关爱，他们只会通过暴力的方式来寻找"存在感"。更不顾被欺凌同学的感受，故意找碴儿，随意使用语言或者行动欺负其他同学，或者拉帮结派孤立某些同学。当霸凌者们回忆起自己的行为，他们常说"我心情不好就踢了一下""只是顺口骂了一句，他们又不会怎么样"……所以，家长如果发现孩子遭到校园霸凌，一定要给孩子积极的肯定，耐心疏导，避免孩子陷入错怪自己、不停自责的漩涡中。

家长总会认为孩子进入一个新的阶段或者换一个新的环境就能够与曾经经历的校园霸凌说"拜拜"。但很多调查和研究表明，遭遇霸凌会给孩子带来深远甚至持续终生的负面影响，创伤的记忆会留在大脑中，成为成长过程中的地雷，哪怕成年了，当事人也很难轻易释怀。

现在忍一忍，进入新的阶段或者换一个新的环境并不能"事过境迁"。霸凌行为会给被霸凌者带来沉重的身体与心理伤害，可能会引起抑郁症、焦虑症、精神分裂症等多种伤害重大的心理疾病，这种伤害可能会伴随他一生。有些被霸凌者曾描述"那些被伤害过的经历像是伤疤刻在心里""这些回忆就像魔咒一样环绕着我，缠着我，总在提醒着过去"，有些人只要想到被欺凌的场景就会心悸，天色晚了后不敢走夜路。所以家长在发现孩子遭遇霸凌时，一

定要积极地陪伴孩子找到解决办法，如有必要，寻求专业人士帮助修复校园霸凌后的心理创伤也是十分重要的。

本案例中的小兰，在进入大学后，虽然已经做了去除狐臭的手术，但她仍然无法走出高中被霸凌的心理阴影，早出晚归只是为了避免和室友接触，上课坐在角落也是在拒绝与同学相处，这些行为都是避免自己再次受到伤害。小兰小心翼翼地封闭着自己，也是她保护自己的一种方式。从家长的角度，我们可能觉得主动去认识些朋友、有人一起玩就不孤独了，就会开朗起来。其实，小兰并不是不想，也不是不能去交朋友，而是内心深处有创伤后留下的人际阴影，这一个心结成为她交友的困难。

通过咨询，小兰发现，她在大学时拒绝交友是高中曾遭遇霸凌的经历所导致的。遭遇到霸凌并不是小兰做了错事，她不需要为这件事情负责，是一些高中同学在无趣的学习生活中无限放大了某些恶趣味，还有一些人盲目跟风。

有一些家长并不是特别理解校园霸凌，觉得这似乎是一个借口，都是孩子过于软弱矫情、不能应对挫折的表现，等等。但很多调查研究都表明，几乎每所学校都存在着不同程度的霸凌现象。青春期的少年心理发展处于成熟中的阶段，他们没有形成正确的价值观和判断是非的能力，对社会规则也并未形成稳定的认知，这时候他们的虚荣心和自尊心很强。而校园里总会认为结群混事的人都是不好惹的人，就导致越来越多的人加入霸凌的圈子去满足自己的虚荣心，霸凌的小团体逐渐扩大，使得校园霸凌事件频繁发生。也有一些孩子因为被霸凌产生了报复心理，选择去欺负其他人来表达自己的愤怒，从校园霸凌的被害者变成加害者。可以说，校园霸凌是青春期心理发展扭曲的一个恶果。所以，一旦发现孩子在校园生活中有什么异常，家长们一定要重视起来，不要小瞧校园霸凌带来的危害。

那么，遇到校园霸凌只要告诉老师，或者"打回去"就可以解决问题吗？答案没有那么简单。校园霸凌的形式多样，并不是只有肢体冲突，言语霸凌和孤立的方式也非常普遍，遇到拳头或许可以"打"，但是如果被孤立、被漠视，"打回去"并不能解决问题，所以家长朋友们要注意并不是直接"打回去"就能有效解决被霸凌的问题。解决校园霸凌行为需要霸凌双方、家长、学校以及社会的共同努力：霸凌者首先要正确认识校园霸凌的后果以及危害，去体会被欺凌同学的感受；被霸凌者需要及时向老师、家长求助，寻找反抗霸凌的正确方法；教师需要知道事件中双方的看法以及想法，制订合理的纠正方案；双方家长要注意家庭氛围的营造，培养孩子积极、健康的心态；社会需要重视校园霸凌现象，积极制订校园霸凌防治措施。

【咨询师的建议】

1. 深入了解并正确认识校园霸凌

作为家长，肯定非常希望孩子能在学习上取得优异的成绩，但更希望孩子的身心能够健康成长。校园霸凌就是一只阻碍孩子身心健康发展的"拦路虎"，家长朋友们首先要知道霸凌现象确实在校园中存在，并了解校园霸凌发生的主要原因。青春期的孩子由于心智发展不成熟，很容易在校园中结成小团体"找碴儿"欺凌其他同

学,并从中满足自己扭曲的虚荣心和自尊心。家长有必要给孩子提前打好预防针,怎样面对同学间的冲突,如果遭遇霸凌怎样处理。当然,为了避免孩子成为霸凌者,家长们在家庭中也要以身作则,不使用暴力或冷暴力处理问题,多多关爱孩子,重视孩子的心理发展,营造包容温馨的家庭氛围。

2. 成为孩子心中的力量和依靠

校园霸凌存在的方式多种多样,不仅仅是肢体暴力,也有可能是容易被忽视的言语侮辱或群体孤立。它往往非常隐蔽,不容易被家长和老师发现,却有着巨大的危害,可能会影响孩子一生的发展。家长们要在日常生活中多关注孩子的状态,如果观察到孩子异常的行为表现,比如身体上经常有伤痕、神情总是看起来非常伤心,或者在家从来不谈起学校发生的事情,则需要及时和孩子谈心,聊聊最近的学校生活,也可以主动找老师了解情况。

如果孩子愿意主动将遇到校园霸凌的情况告诉家长,也反映了孩子对父母十分信任。所以如果发现孩子遭遇了霸凌,家长一定要重视,不能忽视或者消极对待。许多遭到霸凌的孩子可能会把原因归咎到自己身上,我们家长要帮孩子梳理事件信息,帮助找到霸凌这一现象的真正原因,帮助孩子树立信心。解决校园霸凌往往需要家庭和学校的共同努力,家长要和老师一起去积极努力地解决霸凌情况。同时,家长们在日常生活中也要注意陪伴孩子,多肯定孩子,帮助孩子走出被霸凌的阴霾。家长也可以多向孩子表达爱意,用言语和行动给孩子安全感。

3. 整合资源，及时求助专业人员

帮助被霸凌的孩子，需要家长、学校、社会全面联合起来，共同抵制这种行为。遇到霸凌后，学校老师应该联合家长立即行动起来，进行教育帮扶工作。霸凌是孩子心中巨大的创伤来源之一，因此遇到霸凌的孩子可能会掉入心理的"沼泽"，很容易出现长时间快快不乐、对以前喜欢的东西也没有兴趣、难以入睡等情况。如果发现孩子经过一段时间的调整仍然很难走出被霸凌的阴影，家长一定要及时带孩子去寻求精神科医生和心理治疗师的专业帮助，就像本案例中小兰一样，在专业人士的帮助下抚平心中的伤痕。

（作者：李谷静）

咨询师讲故事

故事 12

当辉煌不再，"我"如何自处？谈谈大学生的落差感

【故事梗概】

　　临近期末考试，小李和其他同学一样，忙着复习准备。他计划每天早起上自习，想要充分准备考试，但是每天晚上却停不下来刷手机、玩游戏，直到凌晨两三点才睡觉，快到中午才能起床。每一次起床晚了，小李都很懊恼，觉得自己又没能按照计划来，于是点了外卖，也不想出门，一天就在宿舍里度过了。考试时间到了，小李要么不去考场，要么勉强去了也是草草应付。结果可想而知，小李收到了好几个挂科的通知。如此周而复始，小李已经降级一次、休学一次，其间去精神科被诊断出了焦虑抑郁症状，开始服药治疗。

　　小李的妈妈为此非常焦急和担忧，她是一位吃苦耐劳的女性，在小李出生之后，她和小李的父亲都在外地辛苦打工挣钱，小李跟着爷爷奶奶长大。中学阶段，小李成绩很好，没有让父母操过心。没有想到的是，小李上了"985大学"后，却成了一个学业困难的学生。小李妈妈在难受、失望的同时，心里认定是孩子进了大学后，周围人都很优秀，他不如别人了。当她试图告诉小李面对不如别人的现实时，却激起了小李异常激烈的情绪："曾经的我在学习上成绩优异，其他方面也做得很好，备受瞩目，为什么我现在就不如同龄人，为什么我的学习就无法跟上？"小李的内心完全无法接受，更加拒绝和妈妈以及家里人沟通，他开始与自己不断抗争的历程，可越是抗争，越是陷入不断挫败、沮丧的循环中，最终重读了大二。现在的小李已经进入大三，面对着毕业的压力，既焦虑又无力。

【咨询过程】

小李在经历降级之后，主动预约了心理咨询。那个时候小李刚降级，感到非常挫败和沮丧，难以接受降级的事实，时常有"活着有什么意思"的想法冒出来。咨询师在倾听小李低落、挫败感受的同时，协助他及时去精神科就医，确保他得到科学有效的治疗。小李被诊断为抑郁状态并服药治疗，在服药稳定后的心理咨询中，他开始对自己进行探索。

一方面，小李对现在的自己非常不满意，认为"自己很糟糕"，常常陷入对降级现实和抑郁状态的无助中；另一方面小李又特别怀念大学以前的自己，认为那个时候的自己是"优秀的、受人瞩目的"。

咨询师听到了小李的矛盾、无助和对自己的怀疑、否定，同时也感受到了小李想要取得好成绩、想要证明自己的强烈渴望。

通过咨询师对小李所有矛盾想法、感受的肯定和理解，小李渐

渐开始看到和接纳自己的困难和痛苦，也开始更多地叙述自己从小
到大是如何对待学业的，如何从学习中寻找价值的。经过诉说和澄
清，他发现自己在成长过程中已经把外在成绩当作内在价值的唯一
来源，这在以高考为单一目标的环境中是适用的，但是进了大学，
面临复杂的环境和学习任务，从一个小挫折开始，就进入了一种不
断挫败、价值坍塌和没有动力的循环中。

在看到这些难受和痛苦的情绪之后，咨询师也肯定了小李内心
一直想要成长的渴望和动力。小李开始不再习惯性地回避目前的学
业，而是在咨询室中展开了对大学学习内容和目标的讨论和探索。
通过咨询师和小李的一次次深入讨论，小李开始认识到原来不是自
己能力不行，而是自己的好多潜力还没有发挥出来。小李意识到大
学之前光靠成绩来支撑自己的方法并不是持久可行的，他开始走上
了重新认识自己、发展自己的道路。在这个过程中，小李学习如何
关怀自己、肯定自己，同时也在学习怎么应对挑战、挫折、压力。
他参加了一些学业互助团体，也积极担任了辅导员助理，同时把一
门门功课补了起来，他知道了需要把学习本身当成一门学问去探
究，对自己的未来和方向又有了动力和信心。

【原理分析】

1. 小李学业背后的需求、想法、情绪和行为的循环

小李的案例代表了很多在大学开始阶段学业上有困难的学生，
他们的自我认同受损和价值感缺乏是形成学业困难的关键因素。

小李从小就把学习成绩当成肯定自己的重要来源。小时候的

小李和周围人交流很少，父母都在外地，爷爷奶奶很多时候无法回应和理解他的需要，在学校的小李也没有什么朋友，他常常一个人默默学习。随着在学习上取得了很好的成绩，他逐渐得到了周围同学的关注、老师的肯定，他觉得这种被看到、被认可的感觉真是太好了，虽然和周围人的交流依然很少，但却觉得没有以前那么孤独了。这样良好的感觉让小李有了学习的动力，他鞭策着自己不断取得好成绩来再次获得这种感觉。小李逐渐形成了这样的信念——我必须把成绩搞好，只要成绩好了，我就能够获得肯定，只有被肯定，我才是优秀的、受人喜欢的，才是有能力、有价值的。

带着这样的信念小李来到了大学，他发现大学的学习非常不一样：很多课听不懂，作业不会，学习量比高中陡增。更让小李感到失控的是，他无法像高中那样进入学习状态中：高中时候，班级同学都在一起学习，小李能在集体氛围中去督促自己学习；到了大学，小李给自己订了很多学习计划、立了很多目标，却都无法执行，每天都在刷手机、玩游戏中度过。到了期末考试小李第一次出现了挂科，他感到震惊、挫败、难以接受，他觉得自己怎么这么差劲这么糟糕，陷入了否定自己、怀疑自己的漩涡。为了缓解和回避这些糟糕难受的情绪，小李再一次用曾经的信念来说服自己："我就是在学习上太不努力了，时间都用来刷手机、打游戏了，只要鞭策自己努力学习，我就能够把学业成绩搞上去，只要学业成绩好了，我就能恢复以前的辉煌和自信。"

在小李看来，周围的同学每天都学习 8 个小时，他认为那才是正常的学习时间，自己的学习时间不够。小李很难和周围人交流自己的困难，他也很难去了解别人的状态到底是怎样的，他想当

然地认为就应该早起晚睡，至少学习 8 个小时。于是小李开始了鞭策自己，却一次又一次地落空，每一次晚起，小李都感到非常失落、沮丧、焦虑，为了缓解这些情绪，他不由自主地拿出手机打游戏、刷视频、看小说……渐渐地，小李陷入了玩手机、晚起、无法进入学习状态的不良循环中，他挂科更多，变得对学业非常无力和无助。

在这个循环之中，小李苦苦挣扎着。为了回避学业上的挫败，小李尝试着在其他活动中寻求突破——他尝试了去健身、去参加比赛、去工厂实习等，期待着在其他方面获得一些肯定。当小李把时间、精力投入这些活动后，他的确取得了一些成绩，也能感受到来自外界的关注和肯定。然而，小李在学业上的挫败感并未因此减轻，他经常想自己是不是真的不擅长或不适合学习，怀疑自己的能力和价值，又非常渴望能找回曾经在学习上的辉煌感受。

2. 学习的本质和学习成功的要素

要理解小李同学的学业困难，我们还需要认识两个问题：第一，学习究竟是什么；第二，学习成功的要素是什么。先来看看学习是什么。其实"学习"是一个宽泛的概念，远远大于我们通常认为的上课、写作业，有专门研究学习的学科叫"学习科学"，是心理学、教育学与认知神经科学的交叉学科。心理学家桑代克曾经提出：学习是在刺激情境和行为反应之间形成一定联结的过程，联结是通过多次的尝试错误过程建立的。当今的神经心理学家也提出：情绪、人生观和行为中任何持续的改变都需要学习；从童年时代起，我们学习好的习惯、性格优势及与他人互动的技巧；治愈、恢复和发展也是学习的一种形式；我们有三分之一的属性来自 DNA，另三分之二则来自学习。总之，学习是我们人类生活基本且重要的组成部分，并且学习本身也是一项需要培养的技能。

既然学习如此重要，那就来到了第二个问题——获得学习上的成功都需要哪些要素呢？从学习的本质和人的发展规律出发，学习需要依赖的基础是每个人内在的心理资源而不是外在标准。什么样的心理资源是学业成功的基础呢？人有三种基本心理需要，"安全感""满足感"和"与他人连接"，这三者是人类所有生存和发展的基石，而其中的满足感尤其是人类在具体的学习活动中能够投入进去、持续积累和达到目标的重要因素。满足的心理需要包含了感恩、喜悦、快乐、成就感、目标明确、热情、激情、动力、渴望、满足感等资源。这就好比一个搭积木的小孩子，他沉浸在玩耍和探索的过程中，哪怕有不会操作的时候，有积木坍塌的时候，他依然能够投入当下，为了他搭出积木的目标前进着，感到快乐和满足。当孩子拥有了满足感的心理资源，就能在学习中面对挑战，拥抱学习的过程，体验到学习的动力、热情和快乐，克服学习上的一个又一个困难，实现一个又一个目标，最终获得学业上的成就。

3. 学习活动不同阶段的特点和心理资源的培养

从更专业的角度，可以进一步把学习活动拆解为前、中、后三阶段来理解。

在学习前，孩子的大脑、身体和心理状态需要具备一个能进行学习活动的基础，这需要在平时注重健康、压力情绪调节、睡眠

饮食等，有意识地维护身心健康；有了这个基础，在进入学习活动（比如做一道专业题）时，就可以真实地觉察并接受目前面临的困难或挑战，例如，这道题好难，"我"不会做，一开始的感受不会是轻松愉快的，但"我"可以学习忍受这样的不舒服并坚持下去。学习前的能动性和主动性的开发很重要，也是不断训练孩子、培养其毅力和决心的时候，这个阶段的诀窍在于学习接受现实困难和忍受痛苦来开启学习，而不是回避痛苦、陷入追求即时奖赏的刷手机、打游戏中。

进入学习活动后，孩子开始了在过程中去体验、去克服困难的阶段，这一阶段是耐力与能量补给平衡的时期，训练孩子的耐心，让其能够在过程中坚持，同时不把自己当作机器来使用，而是在其中摸索出自己的特点。比如大脑运转多久休息一次更合适，比如当感到沮丧的时候可以调取曾经成功的经验来激励自己，比如怎样爆发出自己原始的能量而摆脱无助的状态。学习中期是不断和自己的身体、心理、大脑做朋友，欣赏和发掘自己潜力的阶段，这个过程既有痛苦也有探索的发现。

到了学习活动后期，孩子达到了一些目标，就能体验到经历过痛苦、坚持下来后获得的满足感、成就感了。这个阶段的重点在于不断强化孩子获得的积极体验，进行评估和总结。例如，在大脑中回味和储存这样的满足感，让它停留久一些、留下深刻的痕迹，以此来重新塑造孩子对学习的体验和感受，让孩子对下一次的学习建立起强烈的信心。

【咨询师的建议】

当了解了这些原理之后，家长们是不是对小李面对的学业困难和他的内心状态有了更多的感受和理解呢？除了增进理解，家长还可以从以下几方面着手：

第一，相信和肯定孩子内在的资源和能力，满足其安全、连接的需求

小李是否像他妈妈认为的那样，进入"985 大学"之后就不如他人了呢？这其实是使用外在标准衡量而产生的误区。当我们用外在的标准（成绩、是否挂科等）来衡量自己的时候，很容易做出不够全面、客观的评判——认为自己不好了，自己不行了，自己还远

远不够。而当我们能够关注内在资源时，我们看到小李能够在高中取得好成绩，并且在其他事情方面也有动力和热情、获得了成功，这说明他具备了学习最基本的内在资源和能力，在这一点上，小李并不亚于其他任何人。为什么小李具备了这样的内在资源，却在大学里屡屡遭遇学业困难呢？原因在于他长久以来应对学业的模式出现了问题。小李在高中时候的模式是以外在成绩为学习动力，只有学业成绩好了才能说明自己是好的，才有动力去学习。沿用这样一种模式无法适应大学的学习规律和学习环境，因为大学一开始的学习难度陡增，学业上的挑战随之产生，面对挑战，小李一直以来都没有调动和运用自己内在资源和成功经验去应对，而是习惯性地需要依赖外在的肯定才能有动力，于是在挑战开始时他就进入了害怕和回避的模式中，无法投入学习，也无法获得学习过程中的内在满足感。

若孩子需要依赖外界的力量来肯定自己，而作为最亲的家人都不能够发自内心地相信他和肯定他的话，他就会陷入更加不安和否定自己当中。

建议家长们每当很焦虑的时候多去放松自己，学习调节自己的身心状态，才能给孩子提供一个安全的、接纳的、支持的环境，才能够看到并接纳孩子的挫败和无助，才能够相信并欣赏他的能力和价值。当家长和孩子建立起理解、沟通的关系后，孩子就能够真切地感受到来自家长的爱，这是孩子进行学习、发展和成长的最好力量来源。

第二，找到和激活学习的成功体验

小李从曾经的辉煌掉入学业困难是因为他一直都在依赖外界的

肯定，而没有从自己内在体验和力量当中去找到学习的内在满足。要打破这个循环，需要先创造与此不一样的学习体验，我建议他可以运用学习前和学习中的特点来找到新的学习体验。

比如在准备考试的时候，先从难度低一点的考试入手，我帮助小李感受到在面对困难时自己的难受和发现想要回避的内心，然后试着去接受自己的这些情绪，开启学习的阶段。一旦成功开启了考试的准备，就激活了一次不一样的体验，体会这种体验并且把它运用到以后每一次的学习开启阶段。接下来在准备考试的过程中，进一步体会自己一方面在学习、一方面想要回避困难的身心状态，有时候忍不住去刷了手机，也不要过度责怪自己，让自己再次回到当下。通过一小步一小步的行动，感受学习过程中解决困难的过程，体会到一点一滴积累起来的感觉。由此，小李也开始在准备考试的过程当中建立起跟以往完全不一样的感受：进入学习，忍受痛苦，在困难中前行。一旦找到了这样一种体验，小李就开始走上了与以前挫败循环完全不同的道路。

第三，督促小李在激活体验后不断去丰富和实践

在学习活动当中，一次的激活满足体验还远远不够，小李的大脑和身心需要不断去联结这样的体验，训练自己养成新的学习习惯，发生行为上的改变和塑造。

不断去丰富和实践学习的过程中，小李大脑的神经元就在千百次的不断激活、刺激中形成了联结。这样积极有益的学习体验的联结将成为小李在学业上获得成功和快乐的更加丰厚的土壤。

丰富和实践这些体验的方式有很多种，重要的是放慢节奏去感

受：在遇到一道很难的题目的时候，感受一下，此刻"我"有什么样的感觉和想法？"我"可能觉得这个有点难，"我"要不要去打会儿游戏或者刷会儿手机回避一下，还是说"我"可以和这个困难待一会儿，或者"我"可以在当下去做点什么？和这种感到很难的情绪感受相处，不把它归因到是自己不行。在做题过程中，发现有没做对的时候，感受一下自己起伏的情绪，忍耐着，带着这些情绪继续做事情。在探索出了一些解决问题的路径的时候，体会自己的耐心、坚持和力量。最后题目终于解出来了，好好体会一下这种达成、满足的感觉，练习肯定自己、欣赏自己——"我"做到了，"我"有投入学习并且克服困难的能力！下一次，"我"还可以做到！

　　家长在了解良好学习习惯形成的原理后，可以采用分享的方式与孩子交流，从而在习惯形成的前期起着有内容的督促作用，而不用仅仅是说要努力、要加油、要坚持之类的话，从而成为一个真正有内涵的监督者。

（作者：雷霖）

故事 13

考试失能症——家长该如何帮助考试焦虑的孩子？

【故事梗概】

大二临近期末时，晓斌在复习迎考期间时不时地感到心慌气短、胸口疼痛，他去医院做了检查，结果显示一切正常，没有什么问题。但这个结果并未让晓斌安心，即将到来的考试还是让他很紧张，他看不进书，努力维持着正常的生活作息。

有一天，晓斌上完自习课，在回寝室的路上，有一群同学迎面走来，他顿时感到不安，随之出现了身体反应：手心出汗，全身发烫，有种想赶快逃走的冲动。这种情况让他感到害怕，他慢慢地减少外出，回避社交。在后来的备考阶段中，晓斌无法专注学习，特别容易受外界干扰，经常走神，复习效果差，面对复杂又繁多的复习内容，晓斌感到非常懊恼、自责，甚至出现拔头发、啃手指的行为。父母知道后，安慰晓斌"放轻松，别紧张"，但似乎都没什么用。期末考试时，晓斌很紧张，遇到不会的题目就大脑一片空白，随之出现呼吸急促、手心发汗等表现，考试结束后症状就

能（会）逐渐缓解。

好不容易熬到了期末考试结束，放假回家与家人聚会时，亲戚们都表扬在另一所更好的学校上学的表弟，这让晓斌感到很羞愧、很自卑，觉得自己是一个很糟糕的人。他很希望父母也能为他发声说点什么，但父母也跟其他亲戚一样认可表弟，这让晓斌感到更加难受。

开学后，晓斌一遇到考试就头皮发紧、呼吸急促、手心冒汗，感到紧张焦虑加重，于是主动去医院精神科就诊。

【咨询过程】

在精神科医生的推荐下，晓斌来到了心理咨询中心寻求帮助。在咨询中，咨询师了解到：父母对晓斌管教很严格，尤其是学习上要求比较高，晓斌的很多需求也只能通过优异的考试成绩来换取。小学和初中阶段，晓斌成绩优异，每一次的考试都能轻松完成，也经常得到父母的肯定和夸奖。上高中后，学习科目增多，学习难度加大，高一时晓斌还能保持在班级上游水平。高二有一次半期考试，不知道什么原因，晓斌的名次突然下降了很多，分析试卷时，他发现很多题都是自己会做的。从那之后，他就特别担心自己会"发挥失常"，考不出理想成绩，让父母失望。因此，每次临近考试他就会非常紧张，也无法好好睡觉，越重要的考试症状越严重。到后来发展为考试时会出现胸口痛、呼吸急促、手心冒汗、身体发烫的症状，这些身体不适自然影响到晓斌的发挥，导致其考试成绩很不稳定。父母口头上没有说什么，但脸上常常流露出的失望表情，以及生活上更加无微不至的照顾，让晓斌自责不已。

在咨询中，咨询师和晓斌一起回顾了高二那次成绩下降的详细过程，讨论了当时"会做的题都失分"的多种可能原因，以及在那次之后他的应对方式，哪些是可取的，哪些是不可取的。晓斌还说，当时，之所以那么在意成绩，却又那么害怕考试，其中有一个非常重要的原因就是特别害怕看到爸妈失望的表情。

咨询室里，晓斌对考试的恐惧、焦虑经过一点点的还原、剖析，得以充分表达，他逐渐认识到考试成绩不再是唯一的评判标准，不再是用来获得父母赞美的唯一"法宝"。他也意识到需要合理评估现状和自身的能力，不给自己过高的要求和压力，开始和咨询师讨论学习一些适合他自己的情绪调节方式，并找到了一些有效缓解焦虑的方法，能踏实下来学习，迎接考试。社交上他也在朋友的陪伴下越来越放得开，认识了更多的朋友，感到越来越能按自己的想法和节奏来安排计划，从而更积极更主动地面对生活和学习了。

【原理分析】

生活在现代的大学生们，从小就久经沙场，从中考到高考千军万马过独木桥进入大学，都面临着多重的竞争。在这个过程当中，每一位学生都会有或轻或重的焦虑体验，有些焦虑他们能够耐受，还能继续保持战斗状态去面对考试，但程度很高的焦虑，就会让他们"心理罢工"，没办法安心学习。案例中的晓斌显然是在面临考试时出现了各种适应不良的情况，而且这种焦虑已经影响到他很多方

面，让他没法为考试去做一些应该的准备，没法应对日常的社交。

为什么考试焦虑会让晓斌无所适从呢？这可能跟一个人的自我调节功能强弱有关。自我调节功能就是调节理想化和现实差距并适应现实的能力，当外部有压力时，心理能否依然稳定运转，其实依靠的是自我调节功能。当考试这件事情引发了孩子的焦虑时，他没法管理和驾驭焦虑，而是反过来被焦虑淹没了，其实就是他的自我调节功能较弱所导致的。

这里说到自我，不得不回溯到早年，自我与父母的养育，与父母跟孩子的关系息息相关。在"万般皆下品，唯有读书高"的传统文化背景下成长起来的父母，从孩子上学起就会一直非常关注孩子的成绩，这本身并没有什么不好。可有部分的父母可能抱有这样一种观念：只要孩子成绩好，其他事情都好说好办，父母可以替代、帮助完成学习之外的其他所有事情。从小只让孩子学习，看起来没问题，但从长远来看，却藏着很深的坑。案例中的晓斌父母从小包办孩子的日常生活，过度保护孩子，喜欢替孩子做主，没能提供让孩子自主管理的机会，使得他生活自理能力不足，独立生活能力较差。当晓斌的所有成就和自我价值感都只能从学习成绩中获得时，他的自我价值是很脆弱的，被父母代劳较多会导致他的自我调节功能没有很好建立。

本案例中，晓斌父母对他学习上要求严苛，顺从听话的他也认同了这些要求是合理的、应该的，若没有考到好成绩就是他不够好，就很糟糕，这也导致了他的抗压能力较弱。

同龄人之间的比较也会加剧孩子的自尊心受损，影响孩子自我价值的建立，好像只有当孩子满足父母的要求、受到大家的喜欢，孩子才是优秀的。当父母总是将自己的孩子与别人进行对比时，也会给孩子传递一种信念，你只有比别人好，你才是优异的。孩子也会内化这两种认知：要比身边的人都厉害，"我"才是优秀的；要达到父母的标准，"我"才是被喜欢的。案例中的晓斌，在面对家庭聚会时大家都表扬成绩优秀的表弟时的反应，说明了他在同胞竞争中的挫败和无力，无法取悦父母，他体验到的是自己不够好，得不到认可，这会严重影响到他对自己的看法。

当一个人自我功能不稳定、不强壮、不够有力量时，外面的风吹草动就会让他崩溃。他完全无法完成当下的任务，随之产生焦虑的情绪，当焦虑无法排解时就会以身体症状的形式表现出来，于是晓斌出现了头皮发紧、呼吸急促、手心冒汗的身体反应。

【咨询师的建议】

在这个"内卷"的时代，考试焦虑普遍存在，适度的考试焦虑可以帮助孩子维持兴奋状态。当孩子焦虑过度时，家长可以做些什么来帮助孩子缓解焦虑呢？

1. 接纳焦虑，接纳孩子

首先，家长要接纳自己的焦虑。其次，接纳孩子的焦虑，给孩子传递这样的信号——每个人都可能出现紧张的状况，没关系，你可以有压力，你可以有情绪，心情低落是可以的，寝食难安是可以的，心慌也是可以的。家长要允许孩子有一些焦虑反应，这是正常的，家长越是能接受孩子的现状，反而孩子的症状就越是能得到

缓解，并且焦虑也不都是不好的，中等程度的焦虑对于学习是有利的。再次，家长需要正确认识，没有十全十美的人，以接纳的态度看待自己的孩子，并相信孩子。无论他是好是坏，家长都信任他会越来越好，即使是他最糟糕的时候，父母也愿意承受和帮助他。父母可以启发孩子寻找以前成功克服困难的经验，并告诉他："过去你能行，现在爸爸妈妈相信你也可以。"父母也可以坦陈自己曾有过的脆弱，分享克服困难的经验，共情孩子的困境。家长也需要给予孩子更多的肯定、鼓励和期许，增加孩子的自我价值感，让孩子从父母眼中看到自己的价值。这就是给孩子最好的爱，这份爱会帮助他战胜困境、战胜焦虑。

2. 与孩子一起减压

给孩子减压最好的方式，是先给自己减减压，家长松弛下来，才能更好看待孩子，帮助孩子。家长可以跟自己的压力好好相处一会儿，给孩子多一点空间和时间，该干吗干吗，按照家里正常的节奏去生活，不刻意去关注孩子的焦虑。同时，也可以学习一些减压的方法，陪着孩子一起练习，比如腹式呼吸法、音乐放松法、触摸放松法、正念冥想，这些方法会让我们行动起来，尝试着自己做点什么来稳定自己的情绪，而不会因为自己的想象而变得更焦虑不安。

3. 帮助孩子修正不合理的信念

当孩子非常重视一个事情的结果时，会极度害怕不好的结果，尽管可能只是一次普通考试，但很多时候孩子会觉得"没考好我就完了""这都不会，我真是个没用的人"，这些绝对化的、糟糕至极的想法会让他们坐立难安。这时候家长可以对孩子进行安抚，对这些不合理的信念进行修正："我们看到了你很努力，你真是一个很用心学习的孩子，只要是在努力，那你就是很棒的。"家长应去肯定他的努力以及努力的过程，降低对结果的关注。不管他考得怎样都接纳他，关爱他，让他真正地感受到即使没考好他也是值得被好好爱的孩子，一次次创造新的正向的考试体验，从而修正他的信念。

4. 全面看待孩子

都说"万般皆下品，唯有读书高"，但孩子的世界，远远不止学习那么简单，在不同的年龄有不同的成长任务。不是只有学习好，这个孩子才是优秀的，孩子的意志品质、动手能力、思考能力等也是非常重要的，这些也是孩子的立世之本。不同成长任务的完成也会增强孩子的自信心，当父母不再把考试看作孩子唯一证明自己的方式，考试结果自然不再拥有那么厉害的威胁力。比如，完成一些看似简单的家务事，让孩子通过自己的动手能力来确认自己的价值，让孩子体验真实的生活，才能生长出"我能行"的力量。当孩子的自信心更强，就更能管理和掌控焦虑情绪，让焦虑成为一种行动力。

（作者：王翔）

我的孩子怎么了？
写给咨询室外的学生家长

辅导员有话说

故事 14

进入大学迷失自我，只想做个"坏学生"

【故事梗概】

　　一天辅导员老师在查看大二学生健康打卡数据时发现，之前一直活跃在老师周围的学生干部小明最近总是不按时打卡。于是辅导员老师找到小明，了解情况后得知，小明最近觉得生活没有动力，提不起劲儿做事，整日在寝室里看动漫、打游戏。不想上课也不愿意与人交流，对生活和未来都感到十分迷茫，觉得一切都没有什么意思，连上学也没有心情，还萌发了休学的想法。

　　小明高中就读于全国有名的重点中学，该中学以严格的教学管理著称，被高中生们戏称为"××省第一监狱"。小明在高中阶段曾复读过一次，最终功夫不负有心人，在高考中脱颖而出考入了重点大学。大一期间小明活跃于各种学生活动中，他喜欢摄影，在学院传媒中心承担重要的摄影工作，在大一就成了学生骨干，同时还加入了勤工助学团队，成为老师身边得力的学生助理。

　　但是随着小明在课外活动中投入了大量的时间和精力，学业上时间分配不足，导致成绩受到影响，按照学院的教学管理要求，小明进入了学业预警学生名单。小明的父母接到了学校的成绩预警非常惊讶。小明的母亲和小明沟通，小明说高中没有时间参加课外活动，他希望在大学能多参加一些活动。小明说自己高中已经非常努力在读书了，现在上了重点大学应该全面发展，不能只注重成绩。父母和小明的观点不一致。从小非常听话的小明感到很痛苦，不愿意违抗父母，更不想违背自己向往多彩大学生活的内心，小明陷入了迷茫。小明的妈妈是北京一家企业的老总，性格较为强势，当她得知小明成绩下降要面临降级风险的时候非常生气和震惊，怒斥学校没有管好小明，昔日高中的佼佼者怎么变成今天降级的"坏学生"？此时的妈妈也不明白自己的乖儿子怎么上了大学就"不听话"了。

复学降级后的小明并没有再像大一时那么热衷学生活动，也没有专心于学业，而是经常在寝室里打游戏消磨时间，吃外卖，逃避老师同学的关心和询问。以前亲子关系和谐，现在双方不能谈学习，一谈学习就要出现矛盾。小明很害怕面对父母，面对老师和同学。小明感觉自己的状态很不好，和父母提出了想休学，调整一下状态，但是这个想法第一时间就遭到了父母的反对。被父母拒绝休学的小明继续在学校"混日子"。大二下期小明被迫再次面临降级的问题，他的态度很无所谓，厌倦了"学霸"身份的小明说自己就是想做个"坏学生"。但是此时的妈妈再也无法接受优秀的儿子在大学的一切表现，决定停职来儿子学校陪读。

经过学校家长的通力配合，他妈妈和整个家庭对待小明学业的态度发生了重大的转变，小明和父母的关系也缓和了很多。小明曾

被诊断为抑郁症，现在的小明在医生的建议下自愿配合服药和物理治疗，改变了对学习的看法后愿意拿起书本，同时接受了同学对其学习方法上的帮扶和建议，学业上也开始有些起色。小明现在的目标是不被退学，争取 6 年拿到大学学位。妈妈的目标是儿子身体恢复健康。

【咨询过程】

在起初得知小明有休学的想法时辅导员老师找到了他，当时小明并不愿意去办公室见老师，也不希望老师去宿舍找他，甚至都不想开口说话，最后只是同意通过 QQ 和老师交流想法。老师充分尊重小明的想法，表示不想放弃他，不想任由他这样颓废下去，想尽量帮助他。老师认可了小明的高考成绩、学习能力以及在大一期间优秀的表现，帮助他清晰地看到了自己的能力，劝说他不要一味贬低自己。小明坦言，之前自己在高中的日子过得太苦、太乏味了，自己厌倦了那样的生活，现在的自己就想体验一下"坏学生"的生活，不想努力学习，因为觉得这样的努力没有任何意义。

当休学的念头被妈妈打回时，小明又开始了先前"混日子"的生活。小明的情绪问题引发了皮肤问题，皮肤上的变化更让他不愿意出门社交，此时，小明进入一个死循环。辅导员老师建议小明去看心理医生，正视自己的情绪困扰和皮肤问题，科学地解决问题。起初的小明无法迈出这一步，不愿意接受自己的状态，只想一头扎进网络世界，忘记现实世界中的烦恼。辅导员老师带小明在校园散步，听说他考到了驾照一直没有机会开车，就让小明用自己的车子练车，带他到学校周围的地方走走看看。一次次被拉出虚拟世界的小明渐渐感受到真实世界的美好，也愿意和信任的老师探讨休学以后的日子希望怎么度过之类的话题。

在小明的家庭中妈妈是绝对的权威，小明和爸爸多年来都是看着妈妈的指挥棒生活的家庭成员，没有太多的主动权和决定权，小明已经习惯了妈妈给自己安排一切。小明第二次降级后妈妈到校陪读，辅导员老师和妈妈做了很多次的深度沟通，让妈妈把小明当一个成年人对待，看到孩子的痛苦和存在的问题。妈妈看到自己性格强势给孩子带来的不良影响，也意识到孩子缺乏自我管理、自我规划和自我约束的能力。妈妈开始自我改变，给儿子更多的空间和自由选择的权利。多次家校会谈后，妈妈在一次谈话中表示能够接受他学业适应不良的现实。终于被妈妈接纳的小明突然明白了，未来是自己的，不是妈妈的。此时的小明也选择继续读书，希望能凭借自己的努力顺利毕业。

随着学业情况的好转，父母对待他态度的改变，自身身体的好转，小明的生活是向好的状态在发展的。小明说，未来想结合自己的兴趣爱好，做游戏"up主"或从事和新媒体相关的工作。小明不再是从前那个人生中只有学习的他了。

【原理分析】

刚上大学的小明对大学充满了期待，认为大学再也不用像高中一样过"地狱"般被动学习的生活了。大一期间他虽然积极参与到

各项大学活动中，但是渐渐发现自己无法在现有的生活中找到学习的意义，没有高考的目标，自己为什么而学？高中和大学有着巨大的差异，高中生都有一个共同的目标，就是高考取得优异的成绩走入理想的大学。我们可以看到高中生一样的学习目标，但是内在的学习动力差异在高中阶段是看不到的。上了大学就会出现明显的分层，高中时就养成了内在学习动力的同学，上了大学也一样对学习会产生内生动力，会驱动自我管理约束自己的行为。而在高中阶段依赖外在压力、外在动力激发学习动力的同学，上了大学会更容易迷失自我，找不到学习的乐趣，没有了外在的压力推动再加上自我管理能力不足，就会导致他们迷茫和失去目标。

大学生应该在大学阶段学习提升自我管理的能力。大学生活充满了乐趣和挑战，如何在大学阶段明确自己的人生目标，安排好时间，选择适合自己的校园生活方式，成为大学生亟待解决的问题。积极健康的大学生活需要学生、学校和家长的共同努力。游戏常常成为大学生逃避压力的方式，但是游戏不是真正的罪魁祸首，没收手机、不买电脑这样简单的方式并不能让大学生拥有优秀的自律和卓越的能力。对学生的引导、教育，让他们明白人生的意义，需要尊重他们的选择，顺应他们的思想发展。

寻找自己的人生方向。本案例中父母的安排让他没有自我，从小习惯被安排的小明上了大学还没学会如何自己安排自己的生活，在思想上还没有独立。小明的父母认为孩子走过了高考独木桥就应该走向光明的大道，不能接受他学业不好的现实，也没有及时发现孩子人生进入迷茫期的困扰。小明没有找到自己的人生方向，遇到困难的处理方式就是本能的逃避，不想做父母让他做、他却做不好的事情，但也不知道自己要做什么，迷茫的状态让小明失去了方向，没有前进的动力。

【咨询师的建议】

1. 和谐的亲子关系是"听话"的前提

亲子关系是人生中的第一个人际关系，亲子关系良好的孩子未来的人际关系也不会太差。父母的角色是在不断发生变化的，随着孩子的长大，家长对孩子的管教方式也应该变化，不能对已经长大的孩子还使用曾经的管理方法。尊重是和谐亲子关系中的重要一

项，家长应看到孩子的情感、情绪，并试着去理解孩子的处境。在和孩子发生观点不一致的时候，可以选择讨论的方式，而不可强行按家长意见执行。当孩子愿意与家长交流，愿意接受家长的意见时，就没有不能解决的问题，没有不能化解的矛盾。大学生问题中很多难点在于孩子和家长无法正面沟通，亲子关系不和谐或代沟过深让彼此不愿交流，家长从而错失教育、改变孩子的重要时间。本案例中小明的妈妈做出了巨大的改变，母亲身体力行去查找问题，修正自我，并承认自己在教育孩子中的错误做法，是对亲子关系的有效修复，也在给孩子树立新的榜样。做错不可怕，随时可以调整方向重新出发。

2. 因材施教，尊重天性，是孩子全面发展的保障

案例中的小明复读过一次，凭借自己的勤奋和努力考入重点大学，但父母应该了解小明的学习天赋，不能苛求孩子上了大学依然要做一个满分的学霸。尊重孩子的天赋，顺应孩子的成长规律，给予孩子发展需要的平台和支持是家长应该做的。为孩子的发展搭建脚手架，让孩子顺着自己的优势成长、成才。大部分父母会把自己的人生经验推心置腹地告诉孩子：什么专业是值得报考的，怎样的选择是将来不会后悔的，优秀的成绩单才是有竞争力的，等等。但是孩子的成长，家长终究不能左右，孩子的人生经验始终要他们自己在行走中形成，家长的建议是否真的适合孩子的成长还需要在实践中检验。做"放手"的家长，看到孩子的短板，认可孩子的天赋，让孩子能真实地做自己，做自己擅长的事情。案例中小明父母认为小明在自己热爱的游戏和新媒体上花费了太多的时间，而武断

地不支持孩子发展自己的爱好。建议孩子拿出全部的时间去学习，反而让小明陷入对学习的无限恐惧中。如果当初父母支持他继续做新媒体的工作，那么学业可能不会成为压倒小明的那根稻草。

3. 看到和接纳孩子的真实需要，是帮助孩子的核心

案例中的小明第一次降级后察觉到自己的状态不佳提出想休学，遭到了父母的拒绝。父母希望孩子面对困难时能迎难而上，不希望小明用休学这样的方式逃避困难，父母认为小明在学业上的欠账迟早要还，休学浪费了宝贵的学习时间，不支持休学。父母的观点有其合理性，小明原本就比同年级的同学大一岁，降级加休学又要浪费两年时间，在父母看来这是非常宝贵的时光，不能让自己的孩子掉队太远。但是，当下小明的状态是否可以继续完成学业是需要家长和孩子共同评估的，是否休学，休学可以做什么，有多大的意义，这些都是需要坐下来和孩子一同讨论的。武断地拒绝孩子的需要，对孩子是有伤害的，是对他需要的无视和不认可。家长可以和孩子一起讨论，找到孩子需要的内在原因，并帮助孩子创造机会做出改变。

4. 人生目标的树立是孩子成长的动力源

家长、学校都有责任帮助学生树立远大的人生目标，同时帮助学生将宏大的人生目标分解到人生的各个阶段，让每个人生阶段都有阶段性的目标，使他们的生活一直充满希望，让大学生能自主管理自己的时间，自己设立目标，为实现目标而努力。树立人生目标和实现人生目标都应该成为学生自己的人生大事，而不是为了

父母，为了他人设立目标，这样才能让生活的意义感更真实、更强烈。

人生目标的树立不应该是盲目的，而应是随着孩子的成长动态做出调整的。应该是符合孩子实际情况的目标，也是孩子擅长的、容易做到的、愿意接受的目标。即使实现目标的过程充满挑战，也是提前应该有预期的，能抗击挫折实现的挑战才更具有意义。

案例中的小明高中时的目标是高考，高考之后的新目标一直没有确立，一直在摇摆中寻找。父母可以在孩子的人生阶段帮助孩子找到适合自己的阶段性目标，比如，可以和小明讨论大学阶段的目标是什么，大学毕业后想从事什么样的工作。如果小明想成为一个游戏的"up 主"是否需要一份优秀的简历和优异的成绩单，还需要些什么样的素质，大学阶段可以怎么样实现这样的目标。具体到每一个想法，就会有很多阶段性的目标出现，帮助孩子明确自己的未来，让孩子的生活更有期待。

根据鲍恩的家庭系统治疗理论，个体将理智与情感区分开来的能力称为自我分化水平。自我分化的核心是一个人与父母的关系，一个健康的人能不断地与父母进行情绪上的分离。自我分化水平低的个体，理智极易被情感控制，难以在客观基础上进行思考，感受和事实极易混淆。因此，可以说自我分化反映的是一种思考和反省的能力，自我分化水平高的个体，即使是在面对焦虑的时候，也能够灵活、明智地做出恰当的选择。

案例中，当父母和自己的观点不一致时，从小非常听话的小明感到很痛苦，不愿意违背父母的意愿，同时也不想违背自己的内心，进而陷入了迷茫。由此可见，小明的自我分化水平还需要提高。小明有一个非常强势的母亲，这种强势背后，是母亲想用高度的控制来缓解自己的焦虑。小明尽管从高中升入大学，但并未完成青春期的过渡，父母也并未意识到，之前的家庭模式已经不适用于一个逐渐拥有独立意识的孩子。尤其是一贯强势的母亲，并未做出相应的改变，反而由于孩子的一系列变化变得越来越焦虑，而一个母亲越是把自己的焦虑聚焦在自己的孩子身上，这个孩子的功能发展就越受到阻碍。父母焦虑地把自己的关心强加在孩子身上，却忽略了孩子真正的内心需要，会让孩子内心越来越压抑，反抗情绪也越来越严重。

辅导员以切身行动向小明表达关怀和尊重，让小明可以敞开心扉讲述自己的痛苦。当小明的需要被老师看到时，他得到了老师的肯定和支持，加上心理咨询和家长的观念转变，使他又一次燃起了对生活的希望，感受到了自我的力量在慢慢增强，也有了重新寻找自己人生方向的内在动力。

（作者：史晓婷）

我的孩子怎么了？
写给咨询室外的学生家长

故事 15

所学非所爱，我对所学专业有情绪怎么办？

【故事梗概】

小高是一个性格外向、漂亮大方的南方女孩。从小在爸爸的严格管教下，她一直是别人眼中懂事、聪明的好孩子。高考填报志愿时，小高想学习新闻传播专业，爸爸则希望她学电子信息类专业，理由是电子信息专业热门，将来好找工作，发展前景好。从小听话的小高虽然心里不愿意，但最终还是听从了爸爸的安排。

来到大学后，漂亮能干的小高深受老师、同学的喜爱，在课余生活中如鱼得水，唯独学习让她很头疼。小高对电子信息类的专业一点儿都不了解，当然她也不想去了解，她还惦记着新闻传播专业，而且她还有非常多的活动需要参加，依靠考前突击，大一成绩都是刚过 60 分。转眼到了大二，专业课数量增加，从早到晚的时间几乎都被填满，每周末还要忙于应付各种实验课程。课堂上，小高难以跟上老师的进度，课后习题也无法按时完成，常常感到压力很大，喘不过气。而爸爸依旧是两天一个电话，督促她要好好学习，还经常跟她说要继续考研究生。眼看期末考试要到了，室友们每天早出晚归，回到寝室后继续讨论题目，听到室友们的谈话，她突然意识到自己还没有准备好面对那么多的科目，考试前的突击根本应付不过来。想到这些，小高就会觉得很烦躁，也很后悔，如果当初能坚持自己的选择，如果入学后能调整心态好好学习，就不会发生这样的事情。她越想越难过，情绪特别低落，干什么都没有心情，索性躺在床上，一个多星期不出寝室门，每天只吃一顿饭，晚上翻来覆去睡不着，老是想着"人为什么活着？人活得这么累究竟是为什么？"

【咨询过程】

从寝室同学处得知小高的状态后，辅导员前往她宿舍了解情况。辅导员站在床下呼喊小高的名字，没有回应，只听到她在床上隐隐哭泣。在辅导员的安抚之下，小高渐渐止住了哭泣，慢慢向辅导员说出了心中的困难。原来，随着期末考试临近，小高感到越来越担心和害怕，她不知道该怎样去应对即将到来的期末考试。因为她知道，以自己目前的状态去考试的话，肯定无法通过，如果挂科太多，还可能会影响到毕业，而这个结果是她最难以接受的。沉重的考试压力、不适应专业课的挫败感和无颜面对家人的内疚感，交织在小高脑子里挥之不去。

在了解到小高目前的困境后，辅导员从她最担心的问题入手，告诉她即使这学期所有科目都没有通过，也不一定会影响到毕业，因为下学期还可以重修或者补考。小高在吃下这颗"定心丸"之后

也稍微感觉好一些了。接着，辅导员和小高一起讨论了这学期要考的科目有哪些，以及各科目考试的具体时间，对她来说哪些科目相对容易通过等具体情况，以争取尽可能少挂科。

另外，考虑到小高长期处于所学非所爱的困扰、焦虑之中，辅导员还建议她去校心理中心预约咨询，帮助她从认知、行为上疏导心理压力，同时通过咨询师评估其是否需要就医诊断。此外对小高如何应对期末考试提出实质性的建议，联系了相关课程的老师和学校学习发展指导中心的朋辈讲师，详细讨论了如何从备考方面提供帮助。

后来，在辅导员和咨询师的帮助下，小高的情绪有所好转，开始去面对自己的困难。

【原理分析】

　　这是一个由于专业情绪导致学习成绩不理想，进而引发心理危机的个案。所谓专业情绪是大学生不满于自己专业的一种心理状态。大学生出现专业情绪的原因有以下几种情况：一是前期没有做了解，填报志愿时对专业了解不深入，完全根据个人的主观感觉盲目填写；二是为了能顺利考取大学，填报志愿时选择"服从专业调剂"结果分到最不擅长的专业；三是选择专业基于父母的意愿，基于父母的经验或为了将来毕业时容易找工作，而非学生本人的兴趣；四是虽然是学生本人选择的专业，但开始学习之后发现和想象有差距。案例中的小高符合上述第三种情况。小高喜欢新闻专业，但严厉的爸爸却自作主张替小高选择了她不感兴趣的电子类专业。进入大学后，小高没有及时调整心态，也没有培养自己的专业兴趣，而是以"专业是爸爸的选择，我不感兴趣"为借口，放松了对自己学业上的要求。眼看着期末考试临近，她还没有做好准备，心理压力很大，不知道应该怎么办。

　　美国心理学家加德纳的多元智能理论认为，每个个体都有自己倾向的智力潜能，在不同类型的知识技能领域也展现出学习能力的差异。因此，违背学生的兴趣与擅长去选择学习领域很容易导致案例中的专业情绪，抵触冲突的心理状态会导致抑郁、焦虑甚至认知、社会功能下降的恶性循环。

　　面对学生因专业情绪产生的负面心理状态，首先及时引导学生宣泄情绪，缓解焦虑与不安，再来理性看待专业情绪引发的结

果。其次，要肯定学生目前在其他方面取得的成就，指出个人优势所在，灌注希望促进自我肯定，同时要进一步了解产生专业情绪的成因，必要时联合家庭进行应对方案调整，有针对性地加以疏导，调节心理状态，使其树立对学习的自信心，以回归正常有序的大学生活。

【咨询师的建议】

专业情绪会对大学生的学习产生负面影响，表现在大学生对学习没有兴趣、上课睡觉、逃课，甚至通宵上网、沉溺于网络游戏等。专业情绪会导致大学生功课亮红灯，学习成绩不理想，有的同学甚至面临休学、退学的危险。

从这个案例中，家长不难看到，如今孩子的独立意识越来越强，在各种选择中都有自己的考虑，不再单单任由父母拍板决定。孩子和家长各有想法、意见不一致，得不到很好的沟通和解决时，会埋下一个不定时的炸弹，一旦遇到应激事件，炸弹就会被引爆。

其实在与一些学习状况不太理想的同学的交流过程中，我们常听学生抱怨家长强势地决定学生专业的选择。诚然，家长们在这一方面的经验更加丰富一点，这里的经验或许不单单是志愿填报，还有生活方面的，家长们生活阅历比孩子丰富，他们可以根据自己的见闻推测某专业的发展前景，为孩子们提供借鉴。

不过，从现在的发展趋势来看，学生在大学时期学习的专业对以后工作的影响并不像部分家长们想的那样大，根据部分高校提

160

供的数据，有超过半数的学生在毕业以后并未从事与本专业相关的工作。

时代是在不断发展的，短短数年乃至数十年的时间，各行各业都有可能产生翻天覆地的变化，这也就意味着，我们在考虑很多问题的时候要有时代性的眼光，要时时刻刻意识到，世界是在不断变化的，在很多问题上，跨越年代的事情是不具有借鉴性的，这一点引申到专业选择上也是同样的。

因此，在家庭教育中，我们建议：

第一，父母需要引导孩子积极学习，培养孩子独立学习和思考的能力。世界上所有成功的人都不会被迫学习，而是依靠自己强烈的自主学习意识。因此，家长应教育孩子不要依赖他人，学会判断自己的问题，积极合理分配时间，独立完成准备、上课、作业和复习等学习任务。

第二，我们选择专业时需要考虑个人是否适合该专业。很多学生家长了解到同事的孩子在某个专业领域内发展不错，收入高、待遇好等，但每个专业都有一个发展时期，也许经过了几年的时间，曾经的高薪专业已经接近饱和，市场需求也开始下降，因此仅仅因为热门高薪而去填报这个专业显然是不明智的。每个学生的情况都不一样，在学习方面也有各自的长处和短板，有的人喜欢理科，有的人擅长工科，有的人则适合人文社科，对于学生而言，选择适合自己的专业才能够将自身优势发挥到最大。不过，有很多家长却并不了解自家孩子的优势和特长所在，往往根据自己的见闻和想法去强制教导自己的孩子在专业方面应该如何选择，这对孩子的发展是没有太大的实质性帮助的，甚至还有可能影响到孩子的前途。打个

比方，假如孩子更适合做新媒体行业，却被家长强制要求学电子信息，孩子没有兴趣和动力，学起来就会更加吃力，学习情况自然难以预料。其实，家长们的想法我们能够理解，大家为了孩子的前途也非常着急，都希望自己的孩子发展越来越好。但是很多时候，家长的干预对于孩子来说并不一定是好事，尤其是在学习这类需要孩子主动投入的事情上，如果孩子在不情不愿的状态下被家长强制要求学习某个专业，学习的效果自然也不会太好。

第三，作为父母应该学会放手。试着相信自己的孩子，并让孩子在与自身相关的学习和生活中做出独立自主的选择，慢慢培养孩子的独立意识，为自己做出正确的决定，并对做出的决定负责。家长没有办法陪伴孩子走到最后，前方的路途终究需要孩子独立完成。在面临选择时，作为父母虽然可以给出建议，但更多的是去倾听孩子的心声，帮着一起分析，把选择权留给孩子。也许，未来的结果不一定会是最好的，但是谁又敢说尊重孩子的选择，结果就一定差呢？

此外，对于学生而言，要克服专业情绪可以从以下几个方面入手：首先，通过深入探索和学习激发自己的学习兴趣。诚然，兴趣是无法在短时间内培养起来的，很多大学生虽然嘴上说不喜欢自己的专业，但事实上，他们是没有真正了解自己的专业，只是觉得学习枯燥、无趣，大学学习和想象的不一样。因此，对于学生而言，要通过深入、系统地学习全面了解专业，在学习的过程中培养和激发专业兴趣。其次，通过其他途径改变现状，如果发现的确不喜欢自己的专业，可以在条件允许的情况下做一些改变。如很多学校都开放了二学位的辅修，学生可以在学有余力的情况下辅修第二专业，同时几乎所有学校都有转专业的政策，在了解相关政策规定后，可以准备申请转专业，除此之外，在对喜欢的专业有一定积累的情况下也可以跨专业考研等。心理学告诉大家：要改变可以改变的，接受不能改变的。因此，要知道哪些是可以改变的，在经过认真权衡利弊之后做出选择。如果最后还是不能改变，就要尝试着去接受。如果你能够把一个没有那么喜欢的东西做好，那未来走向社会将没有什么可以难倒你。

（作者：任翎）

我的孩子怎么了？
写给咨询室外的学生家长

辅导员有话说

故事 16

抑郁是疾病，请不要对我说"想太多"

【故事梗概】

大四下学期刚开学不久，小默在写毕业论文时遇到了困难，每次在电脑前呆坐半天，论文毫无进展。看着其他同学每天早出晚归，他内心明明很着急，整个人却是一种木然的状态，完全动不起来。结合长期以来失眠、胃口下降的情况，在朋友的建议下，他去看了精神科医生，被诊断为中度抑郁，开了药回来吃。随后，小默开始了他的抑郁"抗争"之路。

父母得知诊断结果后，觉得他是因为找工作和毕业压力太大，同意他延期一年毕业。他一方面忍受着吃药带来的副作用，难受时脑袋里常出现各种不好的想法；另一方面他开始通过书本、网络来了解抑郁症的相关知识，开始和不同的人聊天，尝试自救。半年之后，小默感到自己的精神状态似乎好了一些。

父母和老师看到小默"好起来了"，便催促他赶紧去找工作、准备毕业论文等，此时的他再度陷入了黑暗，时常黑白颠倒，计划好的事情一拖再拖，吃药也吃得非常厌倦了。父母常常打电话劝告他"做好眼前事，不要想太多"，导师问他"你是不是就想这么沉沦下去"。小默感到很痛苦，不明白大家为什么关心毕业比关心他本人还要多，他需要尽全力才能把"要不我把自己也了结了"的念头按下去。

　　好在小默一直坚持定期去精神科医生处复诊，按时按量服药治疗，在药物帮助下，他的睡眠和饮食都逐渐改善，情绪也逐渐稳定下来，慢慢地开始好转了。

　　小默回顾自己和抑郁抗争的那段日子，他感到很无力，不明白为什么自己的求助换来最多的是周围人的一句"你就是想太多"。

【咨询过程】

了解到小默的情况时，恰好是小默第一次去看精神科医生的那天晚上，辅导员把小默邀请到办公室，在谈心的过程中，辅导员了解到他对抑郁症的诊断处于将信将疑的矛盾状态，一方面确实是感受到不对劲，另一方面也在怀疑是不是近期失眠引起的连锁反应，或者自己太矫情了。

辅导员开始尝试和小默一起去寻找抑郁的形成原因。小默思忖半晌，提及自己不久前经历了一段非常糟糕的恋爱关系，以及并不是很体面的分手。他在讲述的时候非常克制，没有攻击、愤怒，仿佛事件本身已不重要。随着谈心的深入，小默说，这次分手让他再次回想起大一那次影响更深的失恋，好像上大学以来的两段恋情，都以不同的方式被自己搞砸了。回顾大学生活，小默说，作为一个完美主义者，他的感受是"大学几年没学到什么"，也找不到自己的价值。真正给他带来负担的，是伴随这些问题而来的思维反刍以及无法定位人生坐标的无力感。

辅导员和他一起回顾了前两年当班长的过程，小默才知道，原来在辅导员眼中，他低调、靠谱、做事井井有条，是一个非常值得信任的学生干部，这和他之前对自己"毫无价值"的评价完全不同。针对小默长期以来捆在身上的"价值枷锁"，辅导员和他探讨了价值源于何处，究竟是服务于别人还是自己。他们把谈话的语境建立在抑郁症之外，尝试在正常情况下开展认知重构。辅导员给他举了很多例子，那些或许在小默眼中"优秀"的同学，也时常经历波折、浪费时间，时常看不清远方的路，辅导员建议小默：重要的或许不是即刻找到价值或拥有方向，而是减少对自己的"挑剔"，尝试提升自尊、接纳自己。辅导员和小默约定：尝试面对问题，主动去追寻问题的根源，思考解决办法和应对措施。那次谈话后，小默还"被迫"和辅导员约定，花一段时间一起去跑步，让身体和精神一起迈开脚步。

【原理分析】

当听说孩子患了抑郁症，家长很着急，想尽快帮助小孩摆脱这种"抑郁情绪"。家长会关切地问"你到底怎么了""最近遇到了什么事"，然后带着担忧和关心，想通过"你就是压力太大""你不要想太多""你去看看电影、打打游戏"等建议帮助孩子把压力从肩膀上卸掉，或者改变应对这些压力的观念，从而很快地从抑郁情绪中走出来。

案例中小默在第一次去看精神科医生，被诊断为中度抑郁后，他怀疑自己是不是只是抑郁情绪，是不是只是为了逃避困难而产生的压力过大的表现。于是他接收到了来自家人、朋友的关心和建议，像吃"保健品"一样，尝试着给自己卸下压力，做很多让自己解压的事。慢慢地，表面上好像"分手""论文"等激发抑郁症的特定问题得以缓解或解决了，但当小默重新返回学校，开始下定决心去应对毕业这件事时，他再次遇到了巨大的困扰。此时的小默，整个人像是被裹在一个玻璃罩里面，里面的他情绪感知非常弱，几乎丧失了分解任务的能力。玻璃罩外面，论文任务就像一座大山，

横亘在他想要静待抑郁好转的路上。他尝试过去实验室，但即便在单独的一个房间，也如坐针毡般想要尽快逃离。所以我们会发现，抑郁症不等于抑郁情绪，它是一种精神疾病，不会伴随着抑郁情绪的缓解而消失。疾病需要就医吃药，而不是吃"保健品"。

家长往往会把孩子问题的根源定格在某一件事或某几件事情上面，但其实即便是家人，也只能了解孩子生活的一些片段，整个立体的他只有孩子自己能够知晓。从来都不会是单一的事件引起抑郁，倒不如说这件事把生命中之前一系列或相关或不相关的事情联系在了一起，这根连起来的线突然绷紧，引发了雪崩式的效应。与抑郁症抗争并不轻松，这往往是一个长期过程。其实很多时候，抑郁症患者比谁都怀疑自己是不是装的。多一点信任、耐心、支持，与孩子共同对抗抑郁至关重要。

【辅导员的建议】

1. 帮助孩子消除"病耻感"、获得"安定感"

帮助孩子消除"病耻感"是阻止孩子在泥潭里越陷越深的第一步。有别于感冒发烧，患有抑郁症的孩子和他们的家长，有时会分不清"敌人"究竟是孩子自己还是抑郁症，甚至比起家长，孩子更加怀疑是不是因为自己过于矫情才会如此。家长可以在充分认知的前提下，引导孩子不去忽视、恐慌，甚至无助、羞耻，告诉孩子："我们共同的敌人是抑郁症，我们有信心一起打败它。"第二步，家长需要鼓励和陪伴孩子及时获得专业诊疗。这除了是及时治疗的先决条件，还有一个重大意义，那就是诊断结果往往可以帮助孩子产生"安定感"。这种安定感是自我接受的第一步，让他们无须在同病情做斗争的同时还要不断质疑自己究竟怎么了。

2. 战略上重视"敌人"，战术上轻视"敌人"

抑郁症是一条黑狗，在战略层面，需要足够的重视程度，有清楚的认知，这一定是场持久战，家长要去督促鼓励孩子遵医嘱坚持治疗。但是在战术层面，请不要比正在经受抑郁症困扰的孩子更着急，要带着觉知去关心，有时候简单的陪伴和倾听更能够给予孩子心灵抚慰。有一首诗里说，"如果我没有告诉你/我的一切/你也不要介意/忧愁有时候/是只有一个人才能前去的王国/你没有办法进来/那不是你的错"。作为陪伴者，家长们要相信，你们的存在本身，对于孩子来讲也是足够的。所以请不要让正在经受抑郁症的他们还需要费尽心力去向世界解释到底发生了什么，请用一些耐心，等着和孩子一起"破案"。在这个过程中，家长可能会做很多无用功，但请不要气馁，家长的持续陪伴和积极态度本身就是一剂良药。

3. 倾听孩子，做有效率的陪伴

在某种层面上，家长可以充当一个"迷你咨询师"，一方面用长期耐心的倾听和引导，帮助孩子自己找出属于自己的支线故事。比如，用"It's ok""没关系的"等帮孩子卸下心理负担，建立倾诉不可耻、求助不可耻的认知；用尽可能多的"为什么？""那又怎么样呢？"来帮助孩子厘清线索，调整认知；用"我一直在""我相信你""我也一样"等话语传递给孩子温暖的力量。另一方面，

如果想要去开解，需要找到比一般情况更有力的案例支撑。抑郁症患者的情绪感知往往是相当弱的，他们有时候像在一个玻璃罩里，空洞的说服只会增加他们的负担。关于抑郁症，以及如何陪伴和照顾患抑郁症的孩子，在本书第三部分将会进行更详尽的阐释。

（作者：权凌）

【心理点评】

抑郁症的核心症状——情绪低落，可能会在很多不同的情形下出现。但是，在临床上被确诊为抑郁症时，则标志着疾病的出现，并且需要治疗。患有抑郁症的人无法控制他的情绪和行为（事实上，他们其实非常想控制），抑郁症容易发生在目标高、学习认真、追求完美的人身上，告诉一个抑郁的青少年类似"别想太多"这种话，对他来说是残忍的，可能会加重他的无价值感、负罪感和失败感。

案例中小默的父母将孩子的抑郁症归因于找工作和毕业压力太大，忽略了孩子的内部心理感受，当孩子状态稍微好转，便迫不及待地让孩子找工作，准备毕业论文，小默不得不再次面对学业压力，陷入痛苦之中。我们要认识到抑郁症是一种疾病，患有抑郁症的人需要尽量减少生活中情绪紧张的情况。

心理弹性（resilience）指在经历生活中的负性事件后，相对平稳、安然地恢复的能力。小默在大学期间经历了两次失败的感情，这让他大受打击，在小默感到没有价值、无力的时候，如果有一个人能够让他紧紧依靠，在遇到危机时可以寻求到帮助，就足以决定小默是还会被生活中发生的事件所打倒，还是会变得更加强大。

　　因此，父母要做孩子坚强的后盾，在孩子情绪低落时，避免说教和批评。父母在家庭中采用情感温暖、理解等正确的、恰当的方式对待孩子，对孩子不批评、不指责，让孩子能够在受伤时愿意向父母寻求帮助，在一定程度上有助于缓解孩子的抑郁情绪，增强孩子的心理弹性，让家成为孩子的"温暖港湾"。

辅导员有话说

故事 17

"躺平""内卷""摆烂"——
如何正确面对学业压力？

【故事梗概】

　　小周是一名大一学生，第一学期结束后的寒假，小周的妈妈发现回到家中的小周有些不对劲，似乎总是闷闷不乐，对什么事都提不起兴趣，甚至在春节期间也不愿意与平时关系要好的亲戚们聊天。小周的妈妈对此非常疑惑。

　　小周妈妈多方打听到他第一学期的学业成绩，加权平均分为85.12 分，排名专业前 50%，并且没有挂科。小周妈妈也尝试和他聊起对于未来的规划，但小周明显表现出了对这个话题的抗拒，并对妈妈表示："现在同学们都在卷，我反正怎么都学不过他们，不如直接躺平，还谈什么规划。"小周的一番话，让妈妈非常困惑，却也一时想不到很好的解决方法。

【咨询过程】

寒假一结束，小周的妈妈马上联系了辅导员，希望辅导员能和小周聊一下。辅导员第一时间约了小周，他坦言，进入大学之前以为大学学业非常轻松，于是在日常的学习中，小周按时上课，并按要求完成了老师布置的作业，在期末考试中也正常发挥出了自己的真实水平。而在课余的时间里，他会抽出一部分时间参加到校内外的公益活动中，例如在图书馆帮忙整理图书、前往福利院看望小朋友们等。小周自我评价大一学年第一学期虽然学习态度端正，业余生活充实，但是只有中等排名的成绩给了他当头一击。这时候他才意识到，大学里无论是学业、竞赛还是科研，到处都充满了"卷"。以小周所在宿舍的几位室友为例，其中，室友小张每天学习到凌晨 1 点，在第一学期的考试中名列专业第一，所有课程都在90 分以上；室友小郭每天早晨 6 点钟就起床开始备战竞赛，第一学期便拿到了电子设计竞赛的一等奖，还在如火如荼地备战数学建模竞赛；另一个室友小汪则在教研室忙碌到每天只吃一顿饭，最终受到了课程老师的认可，在大一便提前进入了科研团队。

小周因此感到很困惑，明明自己已经努力了，却在众多"卷王"的映衬下显得如此平庸，成绩只位于年级中等，也没有什么竞赛和科研经历。小周陷入了纠结，一方面，他想加入"卷学习"的行列中，但这意味着他将把所有的时间都放在学习上，失去丰富多彩的课余生活，此外，高强度的学习还会在一定程度上影响身体健康；另一方面，他想干脆"躺平"，虽然中等的成绩也还不错，现

在的学习、生活方式都是自己喜欢的，但室友们努力的身影却总是让他感到压力很大，担心和室友的差距越来越大。小周的心态总是在参与"内卷"和干脆"躺平"中反复波动，当再次面临挫折时，又产生了"反正怎么也学不过别人，不如不学，挂科也无所谓了"的"摆烂"想法。这些想法让小周着实非常苦恼，甚至让他对自己产生了怀疑，从而影响了情绪和心理状态，失去了对未来的期望和规划。

辅导员针对小周的问题，和他展开了多次深入的谈话，在辅导员的鼓励和帮助下，小周逐渐意识到自己是在学业压力和学业竞争中没有调整好心态，并在辅导员的引导下，他在"内卷""躺平"

和"摆烂"中找到了平衡，摆正了自己对学业的态度，并树立了自己的目标，认真做好了大学的长、短期规划，实现了学业成绩的提升和情绪状态的好转。

【原理分析】

家长们可能对"内卷""躺平"和"摆烂"的含义不是特别了解，我们先对这几个词汇的含义进行以下阐释。

内卷：网络流行词。原指一类文化模式达到了某种最终的形态以后，既没有办法稳定下来，也没有办法转变为新的形态，而只能不断地在内部变得更加复杂的现象。经网络流传，学生群体、上班族用其来指代非理性的内部竞争或"被自愿"竞争，及用来吐槽当前社会竞争压力巨大的现象。对"内卷"的讨论和吐槽引发大量共鸣，得到社会的广泛关注，成为社会现象，使得"内卷"入选《咬文嚼字》2020年度十大流行语及智库2021年度十大热词。

躺平：网络流行词。指无论对方做出什么反应，内心都毫无波澜，对此不会有任何反应的一种顺从心理。另外在部分语境中表示瘫倒在地，不再热血沸腾，不渴求成功。

摆烂：网络流行词。指当事情已经无法向好的方向发展，于是就干脆不再采取措施加以控制，而是任由其往坏的方向继续发展下去，与破罐子破摔词义相近。

看完这几个词汇的释义，相信家长们已经理解了它们的内涵。"丁香医生"和《中国青年报》联合发布的《中国大学生健康调查报告》显示，60%的大学生面临来自学业方面的心理困扰，学业压

力在各类困扰中占比最高，而由"内卷"导致的心态失衡是学业压力产生的重要原因之一，这也正是小周感受到困扰的原因。

可能有的家长会疑惑，进入大学努力学习不是应该的吗？为什么孩子们会感觉到"内卷"，甚至有"躺平"和"摆烂"的想法呢？那我们用两个典型例子来说明：

1. 剧院里坐满了观看戏剧的观众，每个人都坐在自己的座位上认真欣赏表演。这个时候几位前排的观众为了更好地观看站了起来，后排的观众不得不也站起来才看得到表演，越来越多的观众站了起来，直到最后所有人都站了起来。最终，观众看到的还是原来的表演，但是每个人都需要站着，所有人都非常疲惫。这个现象在心理学中也被称为"剧场效应"。

2. 课程任课老师布置的课程论文要求是 2000 字，但是有的同学为了取得更好的成绩，写了 5000 字、8000 字，甚至更多。到最后，所有人的论文字数都远超老师的要求，但是老师能给出的满分人数是不变的。

这两个例子生动地描述了"内卷"状态下学生的困境，即每个人都被迫加入了远超正常水平的竞争当中，为了在激烈的竞争中取得领先，就不得不给自己不断加码，花费更多的时间和精力。

对于案例中的小周而言，他付出了努力却没有得到自己理想中的成果，跟同学们的比较进一步加剧了心理失衡，并产生自我怀疑。与小周拥有同样困扰的学生不在少数，引导这些孩子们摆正面对学业压力和学业竞争的心态，能够帮助他们提升学习的效率和目标感，起到事半功倍的效果。

【辅导员的建议】

1. 理解孩子们面对的学业压力

在我们与家长的沟通中，发现不少家长对孩子的学业有这样的误区，请你看看，是否你也有这样的想法。

①大学学习很轻松，只要随便学一学就能取得好成绩！

②人家都可以做到的事情，你为什么做不到呢？

③你高中成绩都排前几名，到了大学怎么就不是前几名了，是不是你没有努力学习？

④只有分数越高、排名越靠前才能代表你前途光明，否则，你就完全没有未来。

⑤已经给你提供了这么好的物质条件，让你不愁吃不愁喝，只是学习，能有什么压力？

误区①来源于有些高中老师在给紧张备战高考的孩子们减压时描绘的大学美好蓝图，也有可能来源于竞争没有那么明显的大学生的一些经验之谈，已经明显不适用于现在的大学学习情况。误区②则是典型的"别人家的孩子"理论，忽略个体间的差异，用他人的优势来要求自己的孩子。误区③则是将学业排名与努力程度画上等号，忽略了进入大学之后，孩子身边的同学也都是来自全国各地的同等学习能力的学生。误区④则是成功的唯一论，既把成功简单定义为工作好、收入优厚，又忽略了个人性格、情商、思维等综合的素质能力。误区⑤则是我们想重点和家长讨论的问题，即如何正确理解孩子们面对的学业压力。

　　首先，孩子们的压力来自社会发展的大趋势。教育部发布的数据显示，2022 年全国硕士研究生招生考试的报名人数为 457 万，相比 2021 年增长 80 万人，增长率高达 21.2%。而 2017 年，这个数字仅为 201 万。考研人数的激增反映的既是大学生对就业难的现实考量，也是大学生在大家都考研的背景下保持竞争力的应对措施。因此，很多学生在进入大学伊始就要为保研或考研做准备，压力也随之而来。

　　其次，来源于竞争难度的变化。在高中，同学大多源于区域位置的相近，而到了大学之后，则更多地因为学习能力的相近。因此，如果大学想在"内卷"严重的背景下保持较理想的成绩，就需要付出更多的努力，如果孩子对自我要求比较高，那么压力也会相应增加。

　　此外，学业难度的变化也是产生压力的重要因素，在高中，有老师对知识进行反复、详细的教导，并会通过课后练习、模拟考试等不断巩固。到了大学之后，一方面知识的难度跃升了一个台阶，微积分、大学物理等课程都远超高中的知识储备，给同学们学懂知识带来了不小的考验。同时，老师们可能几节课就讲完了一本书，需要学生自己在课下花大量精力来摸清吃透知识，更加大了同学们在学业上的压力。

　　综上，如果孩子和家长谈论起学业上的压力，家长千万不要觉得孩子在无病呻吟，而要充分地理解孩子在当前"内卷"严重的学业竞争中面临的压力。只有对孩子的烦恼充分共情，才能更好地帮助孩子解决困扰。

2. 与孩子一起做好生涯规划

很多学生其实并没有明确的理想和规划，努力学习的原因只是被"内卷"裹挟，担心自己被他人落下而被动地学习。这样的学习状态，既感受不到不断突破知识难点的成就感，又在与他人的比较中身心俱疲。因此，家长需要与孩子一起找到理想目标，用理想目标激励孩子，使孩子由被动学习向主动学习靠拢，在奋斗中享受不断突破困难、取得进步的乐趣，从而实现正向循环。对于如何做好生涯规划，我们有以下几点建议：

与孩子深入谈话，遵从孩子的内心。家长应该主动和孩子深入交流，拨开外界的纷扰，听听孩子内心的声音，他到底喜欢什么，未来希望自己成为一个什么样的人，并与孩子探讨，如果想达到理想中的状态，从现在开始应该做些什么准备。

拓宽眼界，认知行业。很多孩子在学业竞争中只盯着比他人多做的几道题、多考的几分，让自己的思维和眼界变得极度局限，也失去了探索更多可能性的机会。上文中我们讲到的剧场效应，其中一个很重要的原因就是所有人都只朝着一个方向看，而大学生的目标其实是可以多元化的，就像把一个大剧场分成无数个小剧场，"内卷"就会显著降低。这里建议家长可以和学生一起了解下行业前沿，拓展对行业的认知，为未来发展拓展更多的可能性。同时，对行业的深入认知有助于孩子找到奋斗目标，当孩子的奋斗源于内动力，而不是被"内卷"的焦虑裹挟，那么孩子也会收获更多成长的快乐。采用的方式有到企业去实地参访，或者充分利用网络资源，观看行业解读类的视频等。此外，孩子在学校也会有很多跟企

业交流接触的机会，家长应鼓励孩子积极参加。

建议孩子向专业人士寻求帮助。无论是孩子在"内卷"的竞争中产生心理或情绪的波动，或者是想做好生涯规划却不知如何开始，家长都可以建议孩子向专业人士寻求帮助。这里有一些渠道可供参考，学校的学生发展指导中心、就业中心以及学院的辅导员老师等，都可以为孩子们提供学业帮扶、指导生涯规划，如果孩子出现了焦虑等情绪性反应，则可以到心理中心求助，或者前往专业的医疗机构进行诊断治疗。

（作者：池凌云）

【心理点评】

1. 克服"社会比较"，实现自我成长

社会比较理论由美国社会心理学家费斯廷格（Leon Festinger）在 1954 年提出，是指个体在缺乏客观的情况下，利用他人作为比较的尺度，来进行自我评价。在传统思维中，他人是自己的参照物，别人的评价受到高度重视，并由此形成对自己的认识。学生是否优秀更多的是依赖别人的评价和比较，即便一个学生取得比较好的成绩，但与分数更高的同学或者其他方面更优秀的同学比较之后，就会很失望并怀疑自己的能力。不能实现自己的目标，他会由此感到羞愧，非常有压力。尤其是部分家长对孩子的学业期望很高，更加重了孩子的心理负担。

案例中小周常常将自己与他人进行比较，进而自我怀疑，影响到自己的情绪。因此家长要鼓励孩子多与自身比较，接受自己与

他人的差异，只要比以前的自己有所进步，就值得赞赏。父母不指责、抱怨孩子的不足和失败，和孩子一起在失败中找出原因，鼓励孩子勇敢面对困难和挫折。

2. "躺平"是一种心理防御机制

心理防御机制，是指个体面临挫折或冲突的紧张情境时，在其内部心理活动中具有的自觉或不自觉地解脱烦恼、减轻内心不安，以恢复心理平衡与稳定的一种适应性倾向。从心理防御机制的积极角度看，"躺平"是一种甘为普通人的心态调整，是沉重压力下的心理防御，暂时"躺平"是为了认清现实、重新出发。因此，面对孩子的"躺平"，父母要放下焦虑，不要急于让孩子回到原来的学习轨道，而要给孩子一段时间冷静思考。

案例中小周认为明明自己已经努力了，却在众多"卷王"的映衬下显得如此平庸，这让他产生了"躺平"想法，实际上，小周是满意这种"躺平"生活的，但是与他人的学业比较仍然让自己陷入纠结。此时，父母可以告诉孩子："你在自己满意的生活方式和高强度学习之间左右为难，这让你感到很沮丧。能否让我们共同面对这个问题？"在取得孩子的信任之后，父母可以心平气和地倾听孩子内心的声音，设身处地地理解孩子的不易，与孩子一起想办法解决当下的困难。

我的孩子怎么了？
写给咨询室外的学生家长

辅导员有话说

故事 18

宿舍矛盾，不止是生活习惯惹的祸

【故事梗概】

　　小路没有想到，自己被同学投诉了，投诉他的人是室友小佳。小路和小佳是在新生入学网上宿舍选房的时候认识的，当时收到通知可以自己寻找室友并选房，小路和小佳都觉得这次体验很新奇。小佳通过自己的辛苦努力考入这所重点大学，对新的学习生活充满了期待。他在新生群里认识了小路，几番交谈之后感到非常有安全感，于是两个人很快就达成了要做室友的一致想法，开心地选了同一间寝室。

　　可是等开学之后，两个人的相处并没有那么美好。比如，小路从读大学之前就喜欢晚上睡觉前先打会儿游戏，但是小佳却经常抱怨他打游戏时的键盘和鼠标发出的声音太大，影响了他的入睡。又比如，小路擅长社交，很快在学校里认识了许多朋友，经常会约着一起出去吃饭、聊天，导致很晚才回来，但是小佳习惯早睡早起，晚上10点半一定要就寝，雷打不动，每次遇到小路晚归，小佳的

182

睡眠被打断，第二天起来小佳就昏昏沉沉，一天都没精神。小佳对小路提出要求，在他睡觉时不准发出较大的声响，将电脑的鼠标、键盘都换成静音的，外出聚会必须10点前回到寝室。小路对小佳的抱怨很不解，认为小佳是因为不适应新生活导致的各种找碴儿，于是还很热情地邀请小佳跟自己一起玩游戏，或者一起出去"多交点朋友"。

小佳终于忍无可忍，再次向小路提出不许出去聚会的要求时，两个人爆发了激烈的争吵，场面火药味十足。

第二天，小佳就去找了辅导员，投诉了小路，并要求小路搬出宿舍。

【咨询过程】

辅导员收到小佳的投诉后，先向小佳仔细了解情况。小佳是家里的独子，从小父母对他的要求很高，生活非常有规律。中考的时候因为与心仪的学校失之交臂，小佳一直觉得自己很失败，希望通过更加认真刻苦的学习来弥补。因此，他在中学时期，虽然很少与同学来往，几乎没有好友，性格也变得内向，但是收获了非常优秀的成绩，成功地考上了满意的大学。在交流中，小佳反复提到了小路不认真学习，"是个不读书的人"。小佳表示自己实在是忍无可忍了，他觉得自己在宿舍中处处忍让，还是没有能够得到室友的尊重，每天回到宿舍就觉得心情烦躁，晚上躺在床上也翻来覆去睡不着，早上起来觉得自己头昏脑涨。小佳跟父母也说明了情况，父母批评他与室友相处不够友好，小佳越想越委屈，于是来找辅导员投诉。

辅导员认真倾听了小佳的不满和抱怨后，小佳的情绪也慢慢平静了一些。辅导员充分肯定了小佳的努力，并表扬了他遇到问题会尝试沟通，态度是很积极的。但是在沟通的过程中，很明显，小佳与小路的交流并没有什么效果，所以小佳会觉得自己非常委屈，忍耐了那么久。辅导员与小佳商量，能否等他向小路也了解一下情况后，再与小佳一起商量一下后续怎么办，小佳表示同意。

辅导员找到了小路，向他了解情况。小路表示自己感到非常委屈和愤怒，他表示自己是个热情的人，交了很多朋友，他非常不理解小佳的所作所为，不明白为什么自己竟然还会被投诉。对于打游戏的事情，小路说自己为了小佳的睡眠，将电脑的鼠标、键盘都换成了静音的，花了不少钱，可是小佳还是不满意，经常对他打游戏的事情抱怨，心里已经有了积怨。还有明明在入学前是小佳自己提出，希望小路多陪他一起熟悉学校，可是每次邀请小佳一起出去，都被拒绝，小路也觉得很没面子。小路觉得自己的生活作息也没什么问题，现在周围的同学很多晚睡晚起的，他觉得小佳非要 10 点半睡觉，有点"古板"。辅导员虽然肯定了小路的善意，愿意主动带领小佳融入新的校园生活，但是也向小路指出，在他与小佳相处的过程中，沟通总是没有效果，是因为小路没有站在对方的立场上考虑问题，显得有些自私和不成熟。

在前期对两个人都做了一些教育引导之后，辅导员将小路和小佳聚在一起。在此次的事件中，双方都不是获益者。两个人的性格、思想、生活方式导致了宿舍矛盾的产生，而两个人内心的抵触情绪则是矛盾产生的潜在因素，双方的人际关系处于紧张的状态。同时，两个人的沟通并不是有效沟通，双方都仅仅站在自己的立场考虑和提出解决办法，长期下去，导致了矛盾的爆发。在辅导员的引导下，两个人分别为自己一些行为进行了道歉。小佳感谢了小路的热心，他一直邀请自己参与新校园中的各类生活体验；小路也感谢了小佳一直以来对自己的包容。双方握手言和，并且一起制定了宿舍公约。两个人都分别写下了最不能忍受的生活习惯，并且讨论后续如何改变和调整。双方约定了以宿舍公约为依据，彼此多为对方考虑，恢复了友谊。

【原理分析】

大学是学生进入社会前的一个阶段，也是一个锻炼自己、塑造自我的舞台，而宿舍生活在大学生活中有着极其重要的地位和作用。宿舍是大学的组织管理系统中最小的单元，也是大学生群体中特殊的组织形式。一方面，宿舍中的每位成员都需要遵守宿舍成员之间约定的规范或要求，彼此承认对方的存在，具有正式群体的特性。另一方面，大学生在宿舍中可以自由支配时间和选择自己的活动方式，在安排和处理个人的事情时，并不需要必须与他人达成一致，因此，宿舍群体也具有非正式群体的特点。宿舍成了大学生个体身心健康发展的重要载体。和谐、温馨的宿舍环境可以使同学们的大学生活充满阳光和快乐。大学生在学校不仅要学会如何学习、生活，更要学会包容、忍耐和帮助别人，尤其是宿舍里住着不擅于与人交往、性格孤僻、不合群的同学，更需要学会相互尊重、相互包容，这样才能构建一个良好的宿舍环境，促进学习，促进身心的健康成长。室友之间关系不和、气氛紧张会给学习和生活带来严重

的负面影响。

宿舍中的每个人都有自己成长的不同环境，这些会影响到个体的人生观和价值观等，个体的认知、需要、习惯的差别，都会让室友之间时不时产生摩擦。特别是生活习惯，宿舍中的近距离相处，会让很多琐碎的细节被放大，进而造成宿舍中的矛盾。在应对宿舍中的矛盾时，尊重他人的个性差异和生活习惯，在不伤害他人自尊心导致矛盾激化的情况下，合理地表达自己的想法，尤为重要。

在沟通中，需要学会换位思考，了解自己和他人的需求，相互包容，注重沟通的方式和时机。在这个案例中，很明显，小路和小佳的生活习惯有很大差异。小路的性格更加大大咧咧一些，小佳则细腻敏感一些。他们之间并没有谁优谁劣，而是彼此的需求和感受不同。在辅导员的角度来看，他们之间的矛盾源于沟通不畅。因此大学生在处理宿舍关系时需要真诚地与他人沟通和相处。当对方做了你不能接受的事情时，可以选择合适的机会真诚地告诉对方你的感受，阐述事实，表明立场。但是沟通时还需要换位思考，善于发现他人身上的闪光点，提升自己说话的艺术和人生的格局。例如，小佳在睡觉前对环境的安静程度有要求，可以在小路白天没有急于打游戏时真诚沟通，并且尝试讨论出解决方案，而不是一味指责；而小路接收到小佳的不满意时，也可以适当调整自己的作息，避免打扰到舍友的正常休息。每个人都是不完美的，宿舍中的相处之道，更应该秉持求同存异的原则，尊重他人的个体差异，相互调整，制定大家都认可的宿舍公约，并在规则下摸索彼此都能接受的相处模式。

【辅导员的建议】

心理学家丁瓒说："人类心理的适应，最主要的就是对人际关系的适应。"

而对大学生而言，寝室关系可以说是他们最重要的人际关系，有一种说法非常形象地概括了寝室对大学生的重要意义：寝室是大学生的第一社会、第二家庭、第三课堂。因此，大学生处理与经营寝室关系的过程，也在完成从学校、从家庭走向社会的过渡。他们面对寝室关系中的冲突，如何解决冲突，以及解决效果如何将会对他们的学习、生活和心理状态产生非常重要的影响。

本案例中小路和小佳的情况可能是无数大学生寝室关系出现冲突时的缩影。正如世界上没有两片相同的树叶，没有两个人是完全相同的，小路和小佳来自不同的地域，有着不同的家庭背景、性格、价值观、生活习惯等，在种种不同的碰撞下，冲突在所难免。实际上，冲突从某种角度来说，也是一种沟通和交流的方式。冲突并不只会带来灾难性的后果，只要处理得好，它也会成为深化双方关系的契机。它不仅能帮助个体宣泄由关系产生的不满情绪，解决双方分歧，提高亲密度，使相互关系更为稳固，还能保护冲突双方独特个性的存在与发展。因此，关键并不是如何去回避冲突，而是要学会如何化解冲突，用建设性的方法来处理冲突，避免或减少因冲突而产生的消极影响，推动冲突的结果向积极的方向发展。

1. **教会孩子尊重他人。**尊重，是与他人相处时最重要的原则之一。或许在进入集体生活之前，孩子总被父母当作家里面的小公

主、小王子,但是进入集体生活之后,每个人都是平等的。家长要先引导孩子学会尊重他人,尊重他人的权利。我们的孩子希望有看书、学习、游戏的权利,同样的,别人也有。所以家长要让孩子知道在别人学习时,自己应该保持安静,这就像自己学习时也希望别人这样做一样。每个人都有不同的睡觉习惯,比如有的人喜欢睡觉时关灯,有的人喜欢开着灯。如果孩子吵到了室友睡觉或者室友吵到了孩子睡觉,都会使孩子和室友的关系大打折扣。因此,家长要让孩子知道室友之间应该相互协调,相互迁就。室友之间的许多矛盾往往是由不尊重造成的,例如开了不合适的玩笑,揭了别人的短处或伤疤等,这些都会让孩子和室友之间的关系变得不融洽。引导孩子学会尊重他人,会让矛盾如阳光下的冰雪一样消融。

2. **教孩子学会包容**。个体之间个性差异大,不可避免地会产生一些矛盾。父母需要引导孩子在沟通时不要斤斤计较,而要包容谦让、宽容克制。事实上,宽容克制并不是软弱、怯懦的表现,相反,它是有涵养、有肚量的表现,是良好人际关系的润滑剂,能够使孩子赢得更多的朋友。现在孩子们的自尊心都比较强,更希望获得他人的接纳和喜爱。父母可以尝试在日常生活中,多多发现和肯定孩子的优点,对孩子的错误不妄加指责,这也会言传身教地引导孩子,发现和承认别人的能力和成绩,不损害他人的名誉和人格,都可以很好地与他人相处。孩子在包容他人的时候,有时候会感觉委屈,父母也可以在这时引导孩子学会换位思考,自我调整,避免冲突。

3. **教会孩子善于沟通**。沟通的第一步是学会倾听。有时候,家长往往以权威自居,没有从内心真正地倾听孩子,孩子也就没有学会如何倾听别人。人际关系学者认为倾听是维持人际关系的有效法宝。家长可以尝试在与孩子沟通时少讲多听，不要打断他，等孩子讲完之后再发表自己的见解，同时，对孩子表达的内容表现出兴趣，适时地予以肯定和称赞，这样孩子就会学会有效表达，表达的得体与否，会导致沟通的成败，进而影响到人际关系的好坏。沟通中，除了语言信息，非语言信息也非常重要。家长在与孩子交流时，注意自己的眼神、面部表情、肢体动作等，可以让孩子理解谈话的内容和谈话的技巧，这些都对沟通的有效进行非常重要。

4. 加强与孩子交流问题之外的事情。家长都很爱自己的孩子，听到孩子在学校遇到宿舍矛盾，内心一定非常着急。这时候，家长很容易武断地批评孩子与同学关系不融洽，对孩子遇到的实际困难缺乏理解，导致孩子并不能从父母那里得到想要获得的支持和安慰。而在应对方法上，家长甚至会提出调换宿舍的要求。事实上，当孩子和室友出现矛盾时，调换宿舍并不是最优解，应该从根源上解决问题。如果仓促中只是调整了宿舍的人员，不仅不能解决问题，还会在不经意间伤害到孩子的自尊心。当孩子遇到宿舍矛盾，看起来是作息等生活习惯的差异引发了冲突，实际上，可能是孩子的人际交往遇到了困难。父母可以引导孩子与室友尝试共同商讨制定宿舍公约，也是增进交流的有效方法。寻求一致认可的规则，孩子和室友共同遵守，彼此监督，也能让孩子减少委屈的感觉。除了同学之间需要加强交流外，家长也要加强与学校之间的沟通交流，优化孩子的作息习惯，营造良好的宿舍氛围。

（作者：马琳慧）

陪伴和帮助
患抑郁症的孩子

自从孩子玲玲考上大学，老王的心情一直很不错，经常跟同事夸耀。可没想到，刚上大学一个多月辅导员就打电话过来说玲玲出了问题。老王赶紧给孩子打电话问怎么回事，玲玲支支吾吾说得了抑郁症。老王很纳闷，原来还好好的孩子，怎么就得了抑郁症呢？

　　玲玲告诉老王，她其实从高三就一直很压抑，学习压力很大，爸妈对她要求又很严格，她在学校的时候其实很难受，甚至偷偷想过死掉算了。老王一听这就急了，骂孩子说什么傻话。老王觉得孩子只是高三学习压力大一些，哪个高三学生压力又不大呢？她现在考上大学了，学习肯定就可以轻松一些了。于是老王嘱咐玲玲放轻松一点，大学学习没必要给自己太大压力，多休息，多吃点好吃的东西，慢慢心情就好起来了。老王还特地嘱咐孩子别吃药，是药三分毒，吃了对身体不好，她是心理上的问题，主要还是得靠自己心理调节。

　　玲玲听了老王的话没有吃药，她尝试着调整自己的心态，但试了很多方法都没什么效果。她偶尔会和老王通一下电话，一般聊几句她就不想聊了，因为她觉得爸爸并不理解她，总是对她说教。后来她每天待在宿舍，躺在床上发呆，落下了很多课程，到了期末她也没有参加考试，辅导员再次联系了老王，告诉他不能再任由玲玲这样下去了。

寒假回到家后，老王先是带玲玲出去玩了几天，他的想法是带她散散心，放松一下。玲玲虽然心里并不愿意，但碍于爸爸的热情，她只好耐着性子跟着爸爸出去转了转。旅游归来，玲玲并没有像老王期待的那样很快有所转变，每天早上她都不能按时起床，有时候老王催起床催急了玲玲就很生气，后来玲玲干脆就把房门锁上。有一次老王很生气，疯狂砸门，逼迫玲玲必须打开房门。老王听到屋内的玲玲哭喊着说她现在就在窗户边上，如果他再继续砸门，她就跳下去。老王吓坏了，赶紧停了下来。

老王想不明白，为什么孩子原来那么优秀，也很努力学习，上大学就忽然得了抑郁症？她只是心情不好嘛，出去旅游放松过了，现在也没有学习，而且每天都是在玩手机，怎么还是不高兴？好好的一个人，怎么会想到死呢？

　　在学生群体中，抑郁情绪很普遍，《中国国民心理健康发展报告（2019—2020）》显示，我国有 24.6% 的青少年存在抑郁情绪。很多人在看到这一数据会有些紧张，以为有这么多的青少年患有抑郁症，其实并非如此，抑郁情绪与抑郁症不同。抑郁情绪仅仅指的是在某一段时间内，一个人体验到的心情低落的情绪状态。而抑郁症指的是一种慢性发作性精神障碍，是以显著的和持久的抑郁症状群为主要临床特征的一类心境障碍，有着严格的诊断标准。学生患上抑郁症后，影响最大的就是学习，成绩明显下降，信心不足，严重的会导致辍学。抑郁症还会影响学生和父母、朋友的关系，导致矛盾冲突。对于家长们来说，准确识别孩子的精神状态，有针对性地采取合理有效的措施，不仅对孩子的身心健康非常重要，同时也对孩子的未来发展非常重要。

第一节　抑郁症有哪些表现？

抑郁症以情感低落为主要表现，还会出现认知、思维、行为上的一系列症状。当孩子可能有抑郁症时会出现一些信号，作为家长可以留意孩子六个方面的表现：情绪状态、行为表现、自我态度、学习效率、饮食睡眠以及自伤自杀行为。

情绪状态：孩子的心情很低落，他形容自己心情难过、压抑、郁闷、悲伤、沮丧等，或者用身体的感受来表达，比如胸闷、喉咙堵、心脏痛等，有时候会莫名其妙地流泪。他的这种情绪低落是毫无缘由的，当我们问他为什么不高兴的时候，他想不出理由，他会告诉我们"我就是不高兴"。相比正常情况下的心情不好，抑郁症的情绪低落的程度更严重，持续时间也更长（两周以上）。孩子的情绪很难因为外界环境的影响而好起来，例如带他出去玩耍、放松并不能让他感到高兴。孩子却很容易受外界影响而崩溃，通常一件很小的事情都会让他心情变得极差。

行为表现：孩子变得对很多事情都没有兴趣，尤其是对他以前喜欢的活动都失去了兴趣，比如他原来特别喜欢打游戏，一有时间就玩个不停，现在却毫无兴趣。他经常表现出很累的样子，看起来无精打采，常常说"很累""没精神"，即使他整天躺在床上什么事情都没做，他仍然觉得疲乏无力。他不想出门，整天待在家里或学校宿舍里。这些行为会让我们觉得他很懒惰。他和同学、朋友的关系出现问题，关系变得很糟糕，他不愿意见外人，拒绝社交活动。

自我态度：他对自己的态度变得特别消极，对自己持负面的评价。他觉得自己很笨很丑，做什么都很失败，没什么前途，不如别人。他总是因为一点小事就责备自己，更严重的，他认为自己罪孽深重，必须受到社会的惩罚，他把自己看作家庭和社会巨大的负担。

学习效率：孩子的学习效率明显下降。他的注意力无法集中，不论是上课听讲还是平时做作业，都很容易走神。他的记忆力明显下降，思考问题变得很困难，有时候他会说"脑子像是锈住了"。学习对他来说很困难，他学习成绩明显下滑，还有可能变得厌学。

饮食和睡眠：在饮食方面，他的食欲有明显变化，吃饭没什么胃口，或者相反，食欲亢进，过度进食，在不是刻意减肥或增重的情况下短时间里体重有明显的降低或者增加。在睡眠方面，他入睡困难，一般需要 30 分钟以上才能睡着，睡着之后很容易醒、多梦，第二天早上醒得早，比平时早两到三个小时，醒了无法再次入睡。或者相反，他也可能表现出睡眠过多，白天晚上都在睡觉。无论睡得多还是少，他都感到特别疲惫，睡眠并不能让他恢复精力。

自伤自杀相关的想法或行为：这一点是最需要引起重视的。孩子在特别痛苦的情况下出现自杀想法，比如他主动和我们提起死亡

或者自杀的话题，询问我们对死亡或者自杀的看法；他表达活着没有意思、没有意义、自己是家庭的负担等类似的想法；他直接表达希望离开这个世界、消失或者结束自己的生命；他可能做一些自杀的尝试，比如用刀割腕。

抑郁症的自评

如果单纯的观察并不能让我们确定孩子的心理状态，我们可以试试让孩子做一个自评量表——患者健康问卷（PHQ-9）。它由孩子自己测评，题目比较少，做起来比较方便。孩子在自评的时候，只需要根据他自己的实际情况勾选相应的选项就可以。需要注意的是，孩子只需要考虑过去两周内的情况，一个月前、几年前的情况都不必考虑。如果孩子的分数在 4 分以上，那么我们最好就带着他去看一下精神科医生，由医生对孩子进一步问诊评估。患者健康问卷只能作为初步筛查，不具备诊断功能，指导语部分介绍的程度分级也没有诊断意义——很可能孩子做出来的量表结果是重度抑郁，但医生的诊断只是轻度抑郁。量表所依据的是心理测量学的基本原理，得出来的结果较为片面，只能作为医生诊断的参考依据之一。

【患者健康问卷（PHQ-9）】

该量表评估在过去的两周内，有多少时候你受到以下任何问题的困扰。量表评分方式：完全不会 =0 分，好几天 =1 分，超过一周 =2 分，几乎每天 =3 分。9 个条目得分相加，总分 0 ~ 4 分 = 没有抑郁；5 ~ 9 分 = 可能有轻微抑郁；10 ~ 14 分 = 可能有中度抑郁；15 ~ 27 分 = 可能有重度抑郁。请你根据自己的情况在对应的地方画"√"。

条目	完全不会	好几天	超过一周	几乎每天
1. 做事时提不起劲或没有乐趣				
2. 感到心情低落、沮丧或绝望				
3. 入睡困难、睡不安稳或睡眠太多				
4. 感觉疲劳或没有活力				
5. 食欲不振或吃太多				
6. 觉得自己很糟，或觉得自己很失败				
7. 对事物专注有困难，例如阅读报纸或看电视时				
8. 动作或说话速度缓慢到别人已经觉察，或正好相反，烦躁或坐立不安，动来动去的情况甚于平常				
9. 有不如死掉或用某种方式伤害自己的念头				

第二节　孩子得了抑郁症怎么办？

当孩子出现上述的表现时，首要做的就是去医院。抑郁症的诊断应当由精神科医生进行，一个人是不是有抑郁症，只有精神科医生才能给出判断。如果孩子确诊了抑郁症，那么就要遵照医嘱接受治疗。有很多家长像本章开篇案例中的老王一样，即使看过了医生，仍然不相信医生的诊断，这会严重耽误孩子的病情。

1.　抑郁症的治疗

抑郁症的治疗以药物治疗为主，辅以物理治疗、心理治疗。抑郁症的治疗分为三个阶段。①急性期治疗：一般需要 8 到 12 周，治疗目标以消除抑郁症状为主，同时改善社会功能。②巩固期治疗：一般需要 4 到 9 个月，治疗目标以防止病情复燃为主。这段期间患者病情不稳定，原本消除的症状会再次出现。有很多抑郁症患者在服药两三个月后就自行停药，结果没几天症状就再次变得严重。③维持期治疗：需要的时间目前没有一致意见，一般认为至少 2 到 3 年。抑郁症是一种很容易复发的疾病，维持期的治疗目的就是预防复发。如果在维持治疗期间状态稳定，可以在医生的指导下缓慢减药直至停药。

药物治疗

药物治疗的方案由医生根据抑郁症的治疗指南、药物说明书、孩子的病情特点、药物副作用等信息综合考虑后制订。抑郁症的药物治疗与其他疾病不同，需要定期复诊，医生需要观察患者用药后的效果，再为孩子制订下一步的治疗方案。如孩子服药后难以忍受药物副作用，那么就需要复诊的时候告诉医生，医生就会进行调整。

药物治疗的主要作用机制在于调节大脑的神经递质系统功能。抑郁症的神经递质假说认为，大脑神经系统突触中的神经递质系统（主要是去甲肾上腺素、5-羟色胺、多巴胺）传递信号的功能降低时，个体就会表现出抑郁的症状。抗抑郁药物能够改善神经递质系统的功能，从而消除患者的抑郁症状。除了抗抑郁药，医生还会根据患者的情况选择合用其他的药物，例如当患者存在严重失眠时会合用镇静催眠药物。

药物治疗的确存在副作用。一般情况下，明显的药物副作用如头昏、口干、便秘，会在服药后三四天到一周缓解或消失。如果孩子在服药后产生的副作用令他难以忍受，那么他就需要复诊，请医生调整，选择副作用较低的药物。每个人对药物的治疗反应和副反应都有所不同，服药后的效果观察是医生制订治疗方案的重要依据。

有很多家长担心药物会影响孩子的大脑和身体，而强烈反对服用药物，或者在治疗效果显现之后就迅速停药，这些都是非常错误的做法。药物不会损伤孩子的大脑，而是保护孩子的大脑，损害孩子大脑的是抑郁症——抑郁症会导致大脑出现一系列功能和结构上的损害。药物不会让孩子成瘾，抗抑郁药物虽然作用于大脑，但并不具有成瘾性质。抑郁症的治疗时间比较长，这不意味着患者会因此需要依赖药物。只要坚持规范充分的治疗，最终孩子可以停药。如果治疗不充分，抑郁症反复复发，孩子在未来需要长期服药的风险反而会更大。

物理治疗

如果孩子住院的话，医生也会考虑为孩子提供物理治疗，常用的治疗方法有经颅磁刺激治疗和经颅直流电刺激治疗。物理治疗一般不单用，而是与药物治疗相结合。此外，严重抑郁、伴有自杀观念、自责自罪的抑郁症患者，电抽搐治疗也可以是一个非常有效的治疗手段。

心理治疗

心理治疗是指运用心理学和医学的理论和技术，主要通过谈话的形式来治疗抑郁症。常用的适于治疗抑郁症的心理治疗方法有认知行为疗法、人际心理疗法、伴侣治疗或家庭治疗、精神动力学疗法、支持性心理治疗、人本主义心理治疗、表达性艺术治疗。

相比药物治疗，我们可能更愿意接受孩子做心理治疗。不过并非所有的抑郁症患者都适合做心理治疗，重度抑郁发作特别是伴有精神病性症状的患者不适合做心理治疗。而轻度、中度抑郁发作的患者，在大多数情况下仍然需要联合药物治疗。单纯只需要心理治疗就能够改善的抑郁症患者少之又少。

需要特别说明的是，心理治疗与心理咨询有所区别。心理治疗只能由医疗机构的心理治疗师开展。医疗机构之外的社会机构，如学校心理咨询中心、心理咨询公司、个人心理咨询工作室，都不能合法地为患者做心理治疗。只有当孩子的抑郁症康复后，他才可以去做心理咨询。

住院治疗

如果孩子的症状比较严重，门诊治疗效果较差或者存在自杀风险，家长可以考虑让孩子住院治疗。住院治疗期间医生能够每天观察到孩子的病情变化和药物治疗效果，及时动态地调整药物，从而更快地为孩子制订有效合理的治疗方案。住院治疗对孩子来说是一种暂时脱离压力环境的方式，例如在学校学习压力较大，通过住院可以获得短暂的休整。很多家长一想到看医生住院，特别害怕耽误孩子的学习。当学习是孩子的重要压力源时，要求孩子坚持学习，忽视治疗，对孩子的健康并不是一件好事，反而会导致孩子无法学习。如果让孩子得以休整和治疗，他在将来能够以更好的状态投入学习。对于有自杀风险的孩子，住院治疗更是非常必要。相比居家环境，住院病房是一个非常安全的环境，医院从病人管理的角度出发，采取了各种措施来保障患者的安全。

2. 遵医嘱按时吃药

遵照医嘱按时吃药对抑郁症的治疗非常重要，但想要做到并不是一件很容易的事情。吃药的周期非常长，充分的治疗需要几个月到一两年甚至更久。当孩子对药物治疗存在各种误解时，更加难以坚持服药，因此家长和孩子正确看待抑郁症的药物治疗很关键。关于用药的任何担心与顾虑，都可以提出来与医生讨论，请医生解答。

家长和孩子可以一起想一些帮助提醒服药的方法，例如每周把药量分到药品盒中、定闹钟提醒，这样能够很大程度避免忘记服药。家长也可以提前问清楚医生如果有一次或两次忘记服药该怎么处理，这样当你忘记的时候就知道该怎么补救。如果孩子连续三四天或更长时间忘记吃药，特别是症状出现变化的时候，最好尽快复诊。

3. 定期复诊

抑郁症的治疗周期较长，需要持续的定期复诊。复诊的主要目的是继续收集孩子的病情信息、观察症状变化、药物治疗效果和副作用，对药物方案再做调整。当然还有一个重要目的就是拿药——精神科药物都是处方药，需要医生的处方才能买到药。复诊期间医生也会开一些检查。药物的分解需要通过肝脏进行，代谢的产物排出体外需要通过肾脏，一些药物长期服用可能会对肝脏和肾脏造成损害，因此需要检查肝肾功能，另外还有血细胞、心电图、血液中的药物浓度等也都是常规的检查项目。

第三节　父母怎么帮助孩子？

1. 尊重医生的诊断和治疗建议

抑郁症的诊断和治疗是专业性非常强的工作。当医生确定孩子患有抑郁症并建议药物治疗时，家长应该尊重医生的诊断，遵医嘱接受治疗，这才是最符合孩子利益的决定。我们确实比医生更了解自己的孩子，特别是当家长发现医生只和孩子聊了不到十分钟就判定抑郁症，可能会对医生的诊断有所怀疑。医生的评估诊断是一个专业的过程，尽管看起来只是问了几句话，医生实际上是在做精神检查。精神检查需要接受规范专业的培训才能开展。

当医生诊断孩子为抑郁症后，从医学专业的角度来理解孩子的问题更有利于孩子恢复健康。遵照医嘱接受治疗，孩子有机会脱离痛苦，能够像其他的健康孩子一样正常学习、生活。如果对医生诊断的误解导致放弃专业的治疗，让孩子处于长期的痛苦之中，并不是一个明智的选择。而且，抑郁症的痛苦并不能通过自我调节、鼓励、暗示等方法来改善。

家长应当鼓励、督促孩子遵照医嘱坚持治疗。如果孩子不愿意或总是忘记吃药，那么家长应该鼓励提升他治疗的信心，如果他非常抗拒吃药，家长最好督促他并看着他把药吃下去。切忌按照家长

或者孩子自己的想法私自加药、换药、减药或停药。家长和孩子都要记得下次复诊的时间并提前预约挂号，避免到时间看不到医生。

2. 积极建立治疗联盟

家长积极和医生合作、建立良好的治疗联盟，对孩子的治疗非常重要。选择一个家长和孩子都信任的精神科医生，能够让孩子更愿意坦诚地与医生交流自己的病情、真实想法和感受，也更加愿意配合医生的治疗方案。由于精神科医生的工作特点，他需要在尽可能短的时间里收集足够有用的信息来做出判断，因此在看诊之前可以先梳理一下孩子自身的情况，比如最近一段时间的心情、学习状态、饮食睡眠等。如果是复诊，还要包括服药后的效果以及药物副作用。

3. 观察孩子的症状及治疗效果

抑郁症并不像其他一些疾病，通过明显的外部伤口或躯体检查就可以观察，因此很多时候我们会很容易把抑郁症的症状理解为是孩子本人的性格。例如孩子害怕考试、不想上学，家长可能会理解为孩子有畏难情绪，这个时候教育孩子要勇于面对困难，不仅无法帮助他解决当前的困难，还会让他陷入更严重的自责中——"是我缺乏勇气，是我能力不够，是我自己的问题"。这会加重患者的抑郁。因此，观察并区分孩子的抑郁症状与他本人的性格特点非常重要。

学习了解更多的科学抑郁症知识有助于家长更好区分症状。最主要和最重要的依据是患者的主观感受，家长可以直接询问孩子

"最近感觉怎么样"。相信孩子所说的，切忌用家长的观察去质疑患者的主观感受。有的家长确实很关心孩子，但是当孩子说出自己并不高兴时，家长就会对孩子说："我觉得你不是这样！"这会严重打击孩子想要和家长交流的愿望，破坏亲子之间的关系。有一部分抑郁症患者会在人前掩饰自己的状态，表现得很活泼开朗，但实际内心充满了悲伤。相信孩子，而不是质疑孩子，能够让孩子更信任家长，更愿意向家长敞开心扉。

除了询问孩子的主观感受，可以从两个方面对比他的状态变化：一方面是和他自身比较，比如现在的他和他生病之前比较，和他最严重的时候比较，今年和去年比较，最近一个月和更早之前比较。另一方面是和他周围的人比较，比如和他的同学或其他经常相处的人比较他处在什么样的水平，如果大家都压力很大，那么他感到有压力也是正常的；如果其他人很轻松，就他压力特别大，那就要留意是不是抑郁症更严重了。特别说明一下，和别人比较不是为了证明孩子做得不好，而是为了观察孩子的症状。

在开始治疗后，家长需要观察服药后的症状变化和药物副作用。孩子可以继续使用前面介绍的患者健康问卷（PHQ-9）来评估治疗效果。注意评估的时间阶段不是一天两天，而是过去两周总体的情况，所以孩子不必每天都进行评估，而只需每隔两周评估一次。这样家长就可以了解孩子总体的治疗效果，不会因为一天两天的心情糟糕而否定治疗效果，也不会因为一天两天的心情愉悦而过高估计治疗效果。除了患者健康问卷中的问题之外，药物的副作用也是需要家长关注的，家长要了解并记录孩子药物副作用的持续时间、严重程度，以及能够忍耐的程度。对孩子治疗效果和药物副作

用的评估，是对医生非常有用的信息，可以把它记录下来，在下次复诊时拿给医生看。

家长最好陪同孩子一起去看医生，把观察到的情况告诉医生。家长提供的信息很重要，因为孩子有些时候并不会注意到自己的外在表现。比如孩子每天用大量的时间玩游戏，他的主观感受是游戏很没劲，但在外人看来他玩得特别投入；外人看到孩子坐在沙发上两三个小时都在发呆，而他很可能并不知道自己在发呆。家长把观察到的描述给医生，医生会进一步判断患者的病情和治疗效果。

4. 学习科学的抑郁症知识

社会上有各种各样的关于抑郁症的观点，家长需要仔细鉴别，一定要学习科学的抑郁症知识。抑郁症不是孩子的德行问题导致的，不是懒、缺乏勇气、没有自信。抑郁症不能通过信仰宗教获得改善，更不能通过封建迷信的方法来改变。有些家长认为孩子不听话，专门把孩子送到军事训练学校。这些做法不仅对孩子无益，如果违反孩子的意愿还会严重伤害他，加重他的抑郁痛苦。

家长在了解科学的抑郁症知识时，可能会有些不认同的地方，但要知道的是，说到心坎里的话并不一定正确。如果你原本就排斥药物治疗，那么看到一篇宣称抑郁症不需要吃药也能治好的文章，就会特别高兴；如果你觉得孩子就是因为懒才得病，那么在看到一篇批判抑郁症患者德行的文章时会深有同感。但这些观点都是明显错误的。

在搜集抑郁症知识时，应当注意甄选：第一，文章或书籍的作者应当具有医学或心理学背景；第二，观点应当是经过大范围人群研究论证的，个例或者少数人的经验则缺乏说服力；第三，观点不能过于极端，例如快速治疗抑郁症、抑郁症无须药物治疗的观点就过于极端。

5. 常备就医求助信息，培养良好就医习惯

大多数的医院都需要提前预约挂号，所以家长应该熟练地掌握医院的挂号方法和规则，即使挂号困难，也要保障孩子能够定期复诊。如果孩子到新的城市学习或工作，最好是到当地的正规医院就医，与新的精神科医生或心理治疗师建立联系，不必再回到原来的地方，有助于保持定期复诊的积极性。

就诊的时候带上孩子的身份证、社保卡、医院就诊卡、门诊病历或出院病历（如果有的话）、近期的检查报告、上次看诊的处方单等必要的材料。如果有其他的比如日记、网络记录能够反映孩子心理状态的材料也可以带给医生看。如果不记得药物的名称，家长可以把药盒带上或者拍张照片拿给医生看。所有的就诊材料最好专门保存，当家长不记得详细情况的时候医生就能够通过这些材料来了解孩子的病史。

（作者：高猛）

第四章

父母与孩子共同成长

　　孩子是一个独立的不断地生长发育的个体，不同的发展阶段有不同的主题和任务，某一方面的不成熟并不代表在其他方面都不成熟，每个人都有自己的发展节奏，既有普遍性，也有特殊性。孩子的发展议题其实不只涉及孩子自己，父母也会面临发展阶段的挑战。在孩子的发展进程中，要改变的不仅仅是他们本身，父母也要配合社会文化变迁来适应和调整亲子关系模式，与时俱进、协调发展。有句话说得非常好："父母好好学习，孩子天天向上。"

　　第四部分的内容是从家庭系统互动与家庭发展周期中各阶段的发展任务角度，分析在孩子青春期和离家独立这两个阶段中孩子的发展议题和父母的发展议题，为父母提供一些发展方向，从而实现父母与孩子共同成长，引导父母做孩子发展的鼓励者、支持者和促进者。

第一节　家庭发展周期及各阶段特征

1. 家庭发展周期的定义

个体的发展是有周期的，大部分人都会经历从出生到衰老直至死亡的过程。每一个人从出生开始，在其人生的每一个阶段都会面临不同的发展任务和挑战，完成挑战，则顺利过渡到下一阶段，生命的发展才得以继续。就像人的生命，每个家庭，都有一个诞生、发展直至消亡的运动过程，这个过程就是家庭发展周期。

家庭发展周期反映了家庭从形成到解体运动的变化规律。同样，家庭在发展周期的不同发展阶段，也有各种任务需要完成。而家庭作为一个单位要继续存在下去，则需要满足不同阶段的需求，家庭的发展任务是要成功地满足人们成长的需要，否则不仅将导致家庭生活中有不愉快，并且还会造成家庭成员发展停滞不前。

2. 家庭发展周期的六个阶段及发展任务

20世纪40年代，美国人类学学者P.C.格里克（P.C.Glick）率先提出了家庭生命周期理论，他把家庭发展周期划分为形成、扩展、稳定、收缩、空巢与解体六个阶段，每个阶段都有其独特性和发展任务。

形成阶段

形成阶段主要指个体从离家、成年到结婚、组建家庭这一时期，也是个体进入家庭前的准备和开始阶段。处于这一阶段的单身年轻人，需要承担自我在情感上和经济独立方面的责任，完成自我与原生家庭的分离，发展同龄人之间的亲密关系，最后进入婚姻，形成家庭。

扩展阶段

随着第一个孩子出生，要开始接受新成员进入家庭，这一阶段也被称作"养育新人期"。夫妻需要调整婚姻关系，为孩子留出空间；调整亲子关系，为第二个孩子、第三个孩子留出空间；夫妻要

共同承担一个或多个孩子的养育任务，努力工作赚钱，共同完成家务劳动等。在我们国家，通常会由老人帮忙照看孩子，在比较长一段时间里是三代人共处，因此，还需要调整与老人的关系。

稳定阶段

从最后一个孩子出生到第一个孩子离家，即家庭发展周期中的稳定阶段。在扩展和稳定这两个阶段里，家庭往往会有年幼孩子或（和）青春期孩子，这两个阶段也叫"孩子成长期"，这就需要父母了解儿童和青少年心理发展特点，根据孩子发展需要调整亲子关系，增加家庭界限的灵活性，使青春期孩子能够自由进出家庭系统，以容许孩子的独立，为孩子离家做好准备。

收缩阶段

以第一个孩子离家为标志，家庭开始进入收缩阶段，直至最后一个孩子离家，收缩阶段完成。在这一阶段里，孩子（们）逐渐离家生活，家庭人口越来越少，父母需要接纳家庭系统中不断出现的分离，学会处理分离带来的一系列焦虑，重新聚焦在中年的婚姻和职业问题上，开始照顾老一代人。

空巢阶段

待所有孩子都离开家后，家庭最后收缩为只剩两个人，夫妻重新回到二人世界，需要重新审视二人世界的婚姻系统；需要在成年子女和父母之间发展成年人对成年人的关系；需要接纳子女的配偶、孙辈及姻亲的角色；面对和处理自己父母的衰老、生病和死亡。

解体阶段

家庭的解体以配偶一方去世为标志，但从空巢后期开始，夫妻就处于生命晚期。面对生理上的衰老，需要维持自己以及伴侣的自我照料功能和兴趣爱好；为更为核心的中年一代提供支持；同时，还有一个重要任务是应对配偶、兄弟姐妹和其他同伴的丧失，并为自己的生命尽头做准备。

从家庭发展各阶段特征可以看出，在家庭发展的每个阶段都有一些问题亟待解决，有一些重要工作亟待完成，若要顺利度过家庭发展周期的各阶段，就要每一个家庭成员都尽力负起所应担负的责任。

第二节　稳定阶段与收缩阶段的家庭成长议题

　　研究者们从无数的临床案例中发现，从家庭发展的一个阶段过渡到下一阶段时，往往特别容易出现问题，在面对变化（不管是内在的还是外在的）带来的挑战时，家庭如果不改变结构和互动模式以顺应这些变化，问题就可能出现。而问题常常是一个标志，在提醒着我们，家庭到了某个发展阶段的转折关头，需要所有家庭成

员都做出相应的调整和改变，以适应变化了的家庭环境，以实现父母与孩子共同成长。换句话说，就是需要父母和孩子在不同的阶段做不同的事情，亲子以不同的关系模式相处，家庭才能顺利发展。而孩子是生长发育中的个体，他们的变化是一个相对自然的过程。因此，在许多情况下，孩子已经发生变化了，父母却可能还停滞不前，如果家庭成员发展没有同步，往往就容易出现问题。

以下将分别从家有青少年和孩子离家两种情况分析，处于这两个阶段的家庭，该怎样去理解家庭成员中的"问题"，以及如何应对这些"问题"，从而获得成长。

1. 理解青少年身心特点，发展出有助于孩子与父母自身成长的策略

青春期是孩子身体和心理发育的重要阶段，他们的身心都在发生着剧烈的变化，因此也被称作"震荡期"。当孩子由一个儿童成长为青少年，他们的言语行为、情绪感受、人际关系和身体等方面都和儿童阶段有着巨大差异，而这些差异有时候甚至会让做父母的有点猝不及防。比如，一位初二男生开始经常照镜子，每天早上起来都要洗头，他的母亲赶紧去找心理咨询师朋友问"孩子是不是有什么问题了"。青少年阶段的孩子，在生理和心理上都开始逐渐成熟，但又不能完全像成年人那样冷静地思考，有稳定的情绪。他们一方面想要在生活上和情感上实现独立，另一方面又有很多事情需要依靠父母来完成。这就导致他们常常会出现一系列在父母看来自相矛盾的表现。比如，一位高一的女孩儿认为自己的成绩平平都是因为妈妈要求不严，在学习上管得太少所致，可当妈妈督促她

认真写作业时，却又不耐烦地说："哎呀，你别老盯着我的学习好不好。"

根据家庭生命周期理论，养育青少年的家庭处于扩展与稳定阶段，同时也是一段非常重要的"孩子成长期"。孩子开始围绕自主与独立的议题展开挑战，父母不再拥有绝对的权威，孩子也开始转向同伴寻求支持和帮助，家庭里亲子冲突和矛盾时常发生，父母也进入中年，会面临许多中年危机。因此，处于这一发展阶段的家庭就需要根据青春期孩子的特征和整体家庭发展需要做出相应调整。

首先，这一阶段的父母需要认清和接受的一个事实是，孩子在逐渐长大，他们不再是儿童期那个听话的乖宝宝了，不管是在衣着饮食、交友出行还是未来打算等方面，都有自己的想法、目标和追求。尤其是现在，在新的社会条件下成长起来的孩子，他们接触的事物更丰富，有着和父母不一样的思维方式和生活方式。因此，父母一方面要看到孩子正在长大、寻求独立这一客观事实，另一方面也要学会用更开阔的眼界了解社会、了解文化、了解代际差异和个体差异，这些新的视角会帮助父母更好地理解青春期的孩子。从而将自己和孩子的关系调整为"既亲密又独立"的状态，即我们常说的和孩子做朋友。

其次，青春期孩子的父母多已进入中年，会面临许多中年危机。中年人正处于上有老、下有小的年纪，同时还可能面临职业发展的瓶颈期，需要解决的事情太多，承担的责任太多，得到的支持却太少。因此，事业与家庭的双重压力，让中年人常常会产生力不从心的感觉，有时甚至陷入非常无助、绝望的境地。因此，在子女教育管理方面，父母需要逐步放手，既是给孩子足够的成长空间，也是给自己创造持续发展的机会，具体来说就是逐渐把注意力从孩子身上转移到夫妻关系及个人职业发展、人际交往、兴趣爱好等方面，以获得自己的进一步成长。

2. 理解家庭发展的阶段任务，重建孩子离家后的家庭系统

当孩子发展到一定阶段后，终归是要离开家庭的。有的家庭是从孩子上中学后就开始了，有的家庭是从孩子上大学后开始的。"空巢"这个词非常形象地概括了孩子离家后的家庭状态——夫妻俩像鸟儿一样，辛苦找来树枝、泥土等"建材"筑窝，然后在窝里生养孩子，孩子们长大后逐渐离开，最后剩下夫妻两人，家庭规模回到刚结婚的阶段。虽然家庭规模一样，但中间却经历了很长的生命历程，空巢期的家庭发生着较大的变化：家庭事务减少，夫妻空余时间增多；夫妻双方身体各项机能开始下降，可能会遇到一些健康问题；孩子需要独自闯荡，父母会有担心和焦虑等。

面对以上的一些变化，父母需要意识到孩子离家了，家庭发展到了一个新的阶段，有新的家庭发展任务需要完成。回到二人世界的父母需要重新审视婚姻系统，需要重新设计自己的生活、工作和爱好，需要在成年子女和父母之间发展成年人对成年人的关系，重建孩子离家后的家庭系统，与孩子共同成长。

首先，形成新的亲子关系，去做孩子的"大后方"。

孩子长大离家后，他们带着在原生家庭汲取的营养和力量去适应外面世界的同时，可能还会遇到许多困难和挑战，这时如果有值得信任的成年人在一旁陪伴并及时予以指引，则能将风险保持在可控范围内或伤害降低到可修复的程度。因此，在这一阶段，父母要

允许孩子能自由出入家庭系统，保持对子女适度的关注，尽力及时为子女提供他们所需要的支持和帮助，让其在独立前行的路程中有来自家庭"大后方"的陪伴，在必要的时候可以回到这个安全基地疗伤后再出发。

其次，父母要重新设计生活，重拾或培养自己的兴趣爱好。

现在孩子离家比以往要更早一些，有的孩子甚至上初中就去往其他城市。孩子离家后，夫妻空余时间更多，还有很长时间的生活需要重新被设计和安排，比如可以花更多的时间在自己的事业上，完成一些以前特别想做，却因为时间有限没有做的事情。再比如，还可以重拾或培养自己的兴趣爱好，很多人以前因为忙于工作和照顾年幼孩子，没有时间和精力顾及自己的兴趣爱好。现在社会上也有很多培训机构，专门开设了很多适合中老年人的课程。比如，有的人非常喜欢声乐，却一直没有时间去学习，就可以在孩子离家后给自己安排上。再如，有的人会选择画画、摄影、练瑜伽等。

上述两点，不管是要发展出有助于孩子与父母共同成长的策略，还是要重建孩子离家后的家庭系统，形成新的亲子关系，其实都非常不容易。尤其是要和青春期的孩子沟通和交流，过程一定是复杂而又充满艰辛的。但只要家长有主动改变的意识，也愿意在行动中去尝试，那就定能和孩子一起共同成长！

（作者：李媛、刘红梅）

附 录

孩子们的话

在接待青少年来访的时候，常常会有家长在咨询结束后过来问："老师，孩子刚才跟你说了些什么？"。我们非常能理解大家的心情，以下摘自孩子们在咨询中与咨询师谈到的和家长有关的内容，以供家长朋友们了解。

☆关于比较

"记得有一次，大概是在我小学三四年级的时候，爸爸妈妈带我回老家。堂弟堂妹们围在一起敲鲜核桃吃，我没有参与。妈妈看到后就在旁边表扬他们，说他们动手能力强，说我不如他们。其实我只是不喜欢吃而已。"

☆关于"兴趣班"

"小时候，爸爸妈妈非要让我去学游泳，可是我真的非常怕水，我到四五岁了，连洗头的时候冲水都感到害怕。可他们认为学会游泳对男孩子很重要，一次次逼迫我去学游泳，我如果拒绝或者表现得很害怕，就会招来他们连续几天很冷漠的对待。没有办法，我不得不硬着头皮去学习，去了几次，最后还是放弃了。到现在我都害怕水。"

☆关于就业择业

"我不想去北上广深那样快节奏的一线城市，我就觉得留在老家这样的二线城市就差不多了，所以我找工作时压根儿就没有考虑过要去别的地方。可是我妈觉得我要去的这个单位不行，工资很低，她说年薪十几万，以后日子会很不好过，会任人摆布的。我在想，如果这样的工资水平日子都很不好过，我们那里那些工资低于这个水平的人怎么过？"

　　"开学到学校后我感觉好多了，寒假在家里的时候，基本上每顿饭爸妈都会说我找工作的事情，说哪个哪个大公司又给员工分红了，说我的哪个小学同学找到了一个什么样的好工作，或者说他们哪个同事的孩子又去某个大企业了。他们还让我继续去面试，重新找工作单位，可是我觉得现在这个单位就挺好的，工资不算低，也不用'996'加班，离家近，是我很熟悉的环境，还有一些关系比较好的同学也在附近上班。"

☆关于校园霸凌

　　"我在小学五年级上学期转入了那个私立学校，许多学生家里都很有钱。我那时候有点胖，班里有几个调皮的男生总喜欢给我取各种难听的外号，有时候他们还带动全班同学一起起哄，叫我外号。老师管过他们几次，但没有任何作用。我把这件事情告诉爸爸妈妈，他们只是轻描淡写地说一句不要理他们，可我那时候好希望爸妈能够理解我的感受，能够出面和那些男生的家长沟通一下，或者就到校门口叫住那些男生警告他们不要这样欺负我。"

☆关于人际交往

　　"我觉得我一直都不懂人际交往，不管跟谁打交道都会把关系搞砸。妈妈也曾经说过我有时候说话不中听，常常对我说要多出去和人交往，多练习怎样和其他人打交道，但并没有教给我具体要怎么做。因此，我经常都不知道是哪一句话就把其他人得罪了。

我多希望一开始妈妈就能给我指出哪里说错了，教教我要怎样说才合适。"

☆关于亲子沟通

"我妈妈很会讲道理，记得小时候爸妈对我说，爸爸妈妈就是最亲的人，有什么都要跟他们说。可是，后来我发现很多事说了后都会遭到责骂，比如我跟妈妈说想玩游戏，说出来就被臭骂一顿。有时我也会争辩一下，比如我会说，您一直很称赞的我那个好朋友也玩游戏啊！妈妈就会说'人家好的你不学，光学不好的'之类的话。后来慢慢我就学会了不要什么都说。"

☆关于学习方法和努力程度

"上学期，我的《线性代数》挂科了，补考也没过。其实在刚开始学这门课的时候，我就感觉没怎么入门，尽管非常认真地听老师讲课，但一直是似懂非懂的，到后来几乎完全听不懂，也跟不上老师的节奏了。果然，期末考试只考了40多分。寒假回家，爸爸就一直在我耳边说'还是你不够努力，贪玩去了，你要是努力一些就不会挂科了'。可是老师您知道，那个数学真的是我的软肋，好在后来找了辅导员老师，老师安排了学长给我补课，找到学习方法之后，重修通过了。"

☆关于高考成绩

"老师，这几天高考成绩出来了，我刷到一些视频，有一位父亲说他家孩子考了 601 分，很满意，也有视频说他家两个孩子都上了本科，也很满意。我想起去年填志愿的时候，因为和爸爸的想法不一致，大吵了好几次。我去年考了 652 分，说实话，我这个分数，可能换作其他许多家庭都会很满意，但在我们家，爸妈和我自己都不满意，都觉得不够好，当时在我们省位次排名虽然在 2600 名，但比自己平时成绩低了一二十分的样子。填志愿吵架的时候，我爸爸激动地说，'你也不看看自己考了多少分'，这句话让我感觉很生气，也很委屈。其实高中三年我真的很努力，真的全力以赴了，考这个分也知足了，虽然谈不上满意，但是如果再来一次肯定不会选择复读。这是我自己努力的结果，如果没有付出努力，分会更低，爸爸这么一说，感觉他把我的努力全部否定了。"

☆关于父母两人之间的关系

"我爸和我妈几乎没有什么话可说，他们唯一的话题就是我，除此之外没有什么共同话题，好像我不在家的时候，他们借口工作方便，都是各住一处的。我觉得一家三口本应该是'T'字形，但我们家实际上是'V'字形，他们两个仅靠我来维系关系。最近因为我挂科、再次降级的事情，他们俩都来了，我看到他俩之间的互动增加了很多，还会互相询问对方吃不吃水果，我感觉挺开心的。"

☆关于电子游戏

"我很喜欢玩游戏，但我妈非常反对，记得我小时候妈妈曾经说如果我再玩游戏她就要离开这个家。每次不管我犯了什么错，她骂我骂到最后都会扯到游戏上来。虽然已经上大学了，但我玩游戏的快乐还是不能让爸妈知道，感觉游戏是我妈妈愤怒情绪的触发点。后来，在我生病住院治疗期间，妈妈参加了家长团体，她给我道了歉，感觉她这一年改变了许多，假期里还尝试和我一起玩游戏，这让我感到很开心。"

☆关于理解

"其实很多时候我还是挺理解我爸妈的，我知道在他们的成长过程中，经历了太多的不容易，造成了他们现在非常容易患得患失，总觉得我找的工作不够稳定，收入不够高，常催促我继续求职。我现在采取的办法就是，他们说的和我想的一样的话，我就去做，和我想的不一样，我听着就好。"

跋

Postscript

作为一位"80后"妈妈，笔者正在养育处于青春期早期的孩子，像所有家长朋友们一样，在见证着孩子每一步的成长，感受着陪伴的快乐的同时，也在体会着做父母的不易，经历着养育的艰辛。可能是因为从事心理健康教育工作的缘故，时不时会遇到身边的同事、朋友来找我咨询和讨论孩子的养育问题。还记得在十几年前，刚工作没多久，就有位同事问我关于孩子的养育问题，具体问的什么我已经记不清了，只记得当时和她讨论了之后，我在最后说了一句"慢养孩子，静待花开"吧。

然而，看似简单的一句"慢养孩子，静待花开"，我们在实际养育过程中践行起来却谈何容易？也是从那时起，我开始逐渐关注家庭教育，关注孩子们的心理健康与家庭养育的关系。常言道，家长是孩子的第一任老师，家长的一言一行都在潜移默化地影响着孩子，家庭氛围、父母感情直接关系着孩子的成长。因此，我们在平时的心理健康教育工作中，除了给中小学生及大学生做心理咨询，必要的时候还会邀请学生家长进到咨询室，进而帮助我们了解家长的养育过程，观察他们的亲子互动模式，同时也给家长和孩子创造

一个平等的、开放的沟通氛围。我们会发现，家长和孩子往往都有着对彼此深深的爱，却因为缺乏有效的沟通，导致互相理解不够、换位不足，从而出现或深或浅的所谓"代沟"。基于此，笔者萌生了将工作中的案例改编、整理成出版物，以供广大家长朋友们阅读、参考的想法。

从产生出版的想法到本书面世，就像我们养育孩子一样，也经历了漫长而艰辛的过程。两年多以来，团队成员们在自己多年工作经验的基础上，广泛搜集资料、细致反复思考、认真科学总结，充分利用工作之外的时间，一次次深入交流讨论。从内容撰写到结构编排，每一个案例故事都反复推敲、精挑细选，每一段写作都字斟句酌、反复打磨，所有篇章无一不浸透着大家的汗水和心血。没有他们的付出，就不会有本书的出版。同时，他们的很多真知灼见也为往后家庭教育工作领域的研究和实践提供了参考和借鉴。在此，感谢本书所有作者们的辛勤付出！

必须要提的是，本书能得以出版，呈现在广大家长朋友面前，要特别感谢电子科技大学心理健康教育中心主任李媛教授，在她的精心策划和指导下，才有了这本专门写给学生和家长的书。李媛教授从事学生心理健康教育工作数十年，同时也"担任"过从小学、大学到博士各阶段学生的家长，她有着对学生最真切的关心，也有着对孩子最热切的期盼，是最理解学生成长发展需要、也是最理解家长养育艰辛的人。在无数次与学生家长的交流中，看到因为孩子出了这样那样的"问题"而焦虑万分却又束手无策的家长时，她总能精准地发现问题的本质和关键所在，用自己真诚的情感、渊博的学识、丰富的经验帮助学生和家长，让他们最终都能拨云见日、破浪前行。

此外，本书在编写过程中获得了四川师范大学心理学研究生刘小菡，西南民族大学心理学研究生周曦、彭瑶、张谢峰、贾娜等五位同学的帮助和支持。在此，真诚地感谢她们。

本书的出版，还要感谢成都时代出版社以及出版社编辑张旭老师。张老师一路用心指导，提出了很多中肯的修改意见，给本书最终成稿和出版提供了莫大的支持和帮助，谨致谢忱！

在本书写作过程中，作者查阅了相关文献资料，汲取了前辈们的许多研究成果，在本书"参考资料"部分列出相关出处，在此表示感谢！

最后，尽管编者已尽力修改与完善，但肯定仍有许多不足之处，恳请广大读者朋友们提出批评并予以指正！

参考资料

[1] 健康中国行动推进委员会办公室. 健康中国行动文件汇编 [R]. 北京：民族出版社，2019.

[2] Jessica, Nguyen, Eric, & Brymer. Nature-based guided imagery as an intervention for state anxiety. Frontiers in Psychology.

[3] Shaffer，D.R. 发展心理学：儿童与青少年：第 9 版 [M]. 北京：中国轻工业出版社，2015.

[4] 邹泓 . 青少年的同伴关系发展特点、功能及其影响因素 [M]. 北京：北京师范大学出版社，2003.

[5] 夏翠翠，申子娇. 孩子爱玩游戏，父母怎么办——别让游戏毁了孩子的一生. 北京：北京大学出版社，2018.

[6] 许鸿宗. 校园霸凌者行为修正的个案介入——以 A 高中的小李同学为例（D）.

[7] 叶雪花，章秋萍，王建女，王明星 . 青少年抑郁症患儿家庭成长环境影响因素的质性研究 [J]. 护理与康复，2021,20（09）：4-9.

[8] 弗朗西斯·马克·蒙迪莫，帕特里克·凯利. 著. 陈洁宇. 译. 我的孩子得了抑郁症：青少年抑郁家庭指南（第 2 版）[M]. 上海：上海社会科学院出版社，2019.

[9] 肖莉娜，梁淑雯，何雪松 . 青少年学业压力、父母支持与精神健康 [J]. 当代青年研究，2014（05）：29-34.

[10] 施英 . 如何面对"躺平"的孩子 [J]. 江苏教育，2022（16）:23-25.

[11] 王俊秀 . "冷词热传"反映的社会心态及内在逻辑 [J]. 人民论坛，2021.5.

[12] 刘丹 . 家庭的伤痛与疗愈 [M]. 北京：东方出版社，2020.

[13] 孟馥，姚玉红，刘亮，等 . 从出生到独立 [M]. 北京：人民邮电出版社，2021.

伦理声明

本书中所涉及的每一个案例故事均为作者根据多年工作经验整合、改编加工而成，所有故事主角的名字均属虚构。附录中"孩子们的话"为来访者的原话，作者已征得来访者书面或口头同意。

特此声明！